中餐烹饪示范专业产教融合系列教材

U0694628

中式原料知识与加工

主　编　巫炬华　谭子华　陈奕慰

重庆大学出版社

内容提要

本书共分为8个模块，主要介绍粤菜制作过程中常用原料和调味料的相关知识及初步加工技术（包括蔬菜、家禽家畜、水产品、干货原料、半成品制作）等内容，以具体原料为例，对每种原料的名称、产地、特点、加工方法、成型要求、应用等进行了详细介绍。本书可作为职业教育烹饪专业教材，也可作为烹饪培训用书。

图书在版编目（CIP）数据

中式原料知识与加工 / 巫炬华，谭子华，陈奕慰主编. —— 重庆：重庆大学出版社，2022.12
中餐烹饪示范专业产教融合系列教材
ISBN 978-7-5689-2937-0

Ⅰ.①中… Ⅱ.①巫… ②谭… ③陈… Ⅲ.①中式菜肴－烹饪－原料－职业教育－教材 Ⅳ.①TS972.111

中国版本图书馆CIP数据核字（2023）第009687号

中餐烹饪示范专业产教融合系列教材
中式原料知识与加工
主 编 巫炬华 谭子华 陈奕慰
策划编辑：沈 静
责任编辑：夏 宇 版式设计：博卷文化
责任校对：邹 忌 责任印制：张 策

*

重庆大学出版社出版发行
出版人：饶帮华
社址：重庆市沙坪坝区大学城西路21号
邮编：401331
电话：（023）88617190 88617185（中小学）
传真：（023）88617186 88617166
网址：http://www.cqup.com.cn
邮箱：fxk@cqup.com.cn（营销中心）
全国新华书店经销
重庆愚人科技有限公司印刷

*

开本：787mm×1092mm 1/16 印张：16.25 字数：429千
2022年12月第1版 2022年12月第1次印刷
印数：1—3 000
ISBN 978-7-5689-2937-0 定价：79.00元

编委会

Foreword 总 序

党的二十大报告指出，"统筹职业教育、高等教育、继续教育协同创新，推进职普融通、产教融合、科教融汇，优化职业教育类型定位"。近年来，在各级政府强力推动和社会积极参与下，产教融合取得了可喜的进展，在促进职业学校转变传统办学观念和办学模式，主动面向、融入、服务和引领地方经济社会发展方面发挥了重要作用。

广州市旅游商务职业学校在2021年被评为广东省高水平中职学校建设单位，其中，中餐烹饪专业群是学校两个高水平专业群之一。广州市旅游商务职业学校烹饪专业至今已有50年的办学历史，多年来为社会培养了大批工匠型餐饮技能人才，为旅游餐饮业做出了巨大的贡献。

本系列教材为中餐烹饪示范专业产教融合系列教材，分为《中式烹饪基础》《中式原料知识与加工》《中式烹调技术》《中式热菜制作》《中式凉菜与烧卤制作》《中式蔬果雕刻》《中式冷拼制作》《中式果酱画盘饰技艺》《中式点心基础》《中式点心制作》10本。本系列教材基于产教融合人才培养模式进行开发，以典型工作任务作为教学内容，服务于行业人才培养需要，同时满足学习者的职业生涯发展需要，是教师教学用的教材，更是学生自主学习的学材，兼具教材和学材的双重属性。教材的设计坚持落实职业教育立德树人根本任务，融入新技术、新工艺、新规范等新内容，以灵活的模块组合与装订形式呈现。教学过程根据教学内容的不同进行合理安排，实现理论学习与实践教学相互融合、学生的学习活动与教师的工作过程相一致、学生的能力培养与就业后的工作岗位需求相统一。注重学生动手操作和实践能力，强调团队合作，鼓励学生探索创新，培养学生创新思维和实践能力。通过系统学习，希望能为国家培养出更多追求卓越、精益求精、有较强创新思维和高度职业责任感的新世纪时代工匠，为国家经济发展做出贡献。

本系列教材编写团队包括具有一定企业经历的专业教师和来自企业一线的资深厨师，教师经常到企业进行技术交流和实践锻炼，企业资深厨师受聘担任学校课程指导教师，实现校企双师的互融互通，合作育人，确保教材内容与企业生产实际保持同步。在编写过程中，本系列教材得到广东省多个知名餐饮企业、行业专家的大力支持，提出了大量具有前瞻性的建议，在此一并表示感谢！

广州市旅游商务职业学校

2022年11月

Preface 前 言

作为我国四大菜系之一，粤菜一直以来都受到国内外食客的广泛喜爱，其层出不穷的菜式变化，不断求变求新的精神，更使粤菜长久不衰，成为最富有生命力的菜系之一。粤菜的发展除了依托于厨师们善于吸取各种烹调技艺以外，还得益于广东独特的地理、气候条件。广东地处亚热带地区，常年高温，潮湿多雨，非常适合各种动植物的生长，为厨师们提供了丰富的动植物资源；同时，广东有较长的海岸线，也为粤菜提供了各种各样的水产品资源，包括各种鲜活海鲜和海味干货。

另外，广东历来都是中外商客进行贸易和各种餐饮活动的重要基地，南来北往的商客带来了丰富的原材料和饮食文化，这些都极大地丰富了餐饮行业选择原材料的空间，形成了粤菜多姿多彩的新局面。作为一名厨师，必须对各种各样的烹饪原料及调味料有足够的认识和较强的鉴别能力，这样才能加深对菜肴的认识，有利于个人的发展。

本书是基于工作过程系统化职业教育理念，在教学改革和实践的基础上，将"烹饪原料知识"和"烹饪原料加工技术"两门课程整合，以粤菜厨房生产流程中的原料采购、原料加工等相关工作岗位的任务为引领，以岗位职业能力为依据，根据学生的认知特点，通过项目任务、工作任务流程来展示教学内容，使学生熟练掌握烹饪原料加工的各项技能，加深对烹饪原料基本知识的理解，从而培养学生的综合职业能力，满足学生职业生涯发展的需要。

本书共分为8个模块，每个模块根据原料种类分为若干项目，每个项目又通过若干典型任务来学习相关原料知识、初加工技术、原料成型及烹调应用等。本书的具体编写分工如下：巫炬华编写模块1、6、7、8，谭子华编写模块2，陈奕慰编写模块3、4、5。

本书的编写得到了行业专家和学校领导的大力支持，尤其是雷卫文和林汉华参与了教材视频的拍摄，并对教材提出宝贵建议，韩山师范学院烹饪系李浩翔、詹雍浩参与了教材图片剪辑、文稿整理等工作，在此向他们表示衷心的感谢。由于作者水平有限，书中疏漏之处在所难免，恳请读者批评指正。

编　者
2022年11月

Contents 目 录

模块 1

烹饪原料基础知识

【任务描述】

在中餐厨房各岗位工作环境中，通过了解烹饪原料概念，懂得烹饪原料应具备的要素；尤其是砧板、水台岗位通过学习原料品质鉴定，掌握判断和选择优质烹饪原料及原料保存的方法。

【学习目标】

1. 了解烹饪原料的概念。
2. 掌握烹饪原料的分类及分类的方法。
3. 学会判断和选择优质烹饪原料的方法。
4. 能够利用互联网收集整理烹饪原料知识。
5. 引导学生遵守国家的法律法规及餐饮行业的法律法规，强化职业操守和法治观念，落实习近平生态文明思想。

1. 烹饪原料的概念及基本属性

1）烹饪原料的概念

烹饪原料是指符合饮食要求，能满足人体营养需要并可通过烹饪加工制作出各种食品的可食性食物原料。

2）烹饪原料的分类

在实际生产中，常用的烹饪原料有数千种之多，且来源广泛，对原料进行分类，有利于系统地了解同一类原料的共性和不同原料的性质与特点。

（1）按烹饪原料的自然属性和来源划分

可分为动物性原料（如禽类、畜类、鱼类等）、植物性原料（如蔬菜、粮食、果品等）、矿物性原料（如盐、碱等）、人工加工原料（如香料、色素、酱油等）四大类。

（2）按加工状态划分

可分为鲜活原料（鲜鱼、鲜肉、鲜蔬果、活禽等）、干货原料（鱼翅、鱼肚、海参、干鲍鱼等）、复制品原料（火腿、腊肠、罐头食品等）三大类。

（3）按原料在菜肴中的地位划分

可分为主料、辅料（包括配料和料头）和调味料三大类。

（4）按原料的商品种类划分

可分为粮食、蔬菜、肉类及肉制品、禽鸟及蛋品、水产品及水产制品、干货及干货原料、果品和调味料。

2. 烹饪原料品质鉴定

1）品质鉴定的意义

首先，菜肴是供人们食用的，安全卫生是第一位。伪劣的、变质的、有毒的食物会损害食用者的健康甚至危及生命安全。为了食用者的健康，必须选用营养丰富、无毒无害的优质原料。

其次，菜肴质量的优劣，一方面取决于厨师的烹调技术，另一方面取决于烹饪原料的品质。高品质的菜肴必须以优质的烹饪原料作为基础，营养价值高、新鲜度好、符合安全卫生标准，加上合理的烹调加工，才能制作出品质上乘的美味佳肴。否则纵有高超的厨艺，也无法烹制出高品质的菜肴。

为保证食用的安全，确保菜肴的质量，掌握鉴定烹饪原料的准确方法是每一位烹饪从业者必备的技能。

2）品质鉴定的内容

虽然烹饪原料的种类繁多，形态各异，品质有所区别，但其营养价值、口味质地、新鲜度和卫生状况等是构成原料品质的主要因素。烹饪原料品质鉴定的内容包括以下几个方面。

（1）原料的固有品质

原料的固有品质是指原料本身具有的食用价值和使用价值，包括原料固有的营养、口味、质地等指标。一般来说，原料的食用价值越高，原料的品质就越好；原料的使用价值越高，适用的烹调方法就越多。烹饪原料的固有品质由原料的品种和产地决定。

（2）原料的纯度和成熟度

纯度是指原料中所含杂质、污染物的多少和加工净度的高低。纯度越高品质越好。成熟度是指原料的生长期。饲养（或种植）的时间及季节会影响原料营养物质的含量，原料的成熟度恰到好处，其品质越佳。

（3）原料的新鲜度

新鲜度即原料的新鲜程度。原料的新鲜度随时间的延长而逐步下降，妥善的保管能减慢新鲜度的下降速度。原料的新鲜度越高，原料的品质就越好。原料的新鲜度主要从形态、色泽、水分、重量、质地、气味等方面反映出来。

（4）原料的清洁卫生状况

原料必须符合食用安全卫生的要求，凡腐败变质、受污染的、有病或带有病菌的、含有毒物质的原料均不适合食用。

3）品质鉴定的要点

绝大部分烹饪原料来源于自然界，其品质主要从以下几个方面鉴定。

（1）原料的种类特点

由于原料品种繁多，不但相似的原料多，而且同一种原料也有不同的品种，因此要学会熟悉各种原料的性能和品种间的差异，准确地辨认原料，根据需要选用合适的原料。

（2）原料的上市期及最佳食用期

因生产季节不同，原料产量及品质有很大的差异。掌握原料季节性变化规律，保证生产原料的供应，充分发挥和利用其最佳品质，以保证制作出高质量的菜肴。虽然目前生产中常常用反季节种植（养殖）的原料，但在风味上仍以天然生长的原料为上选，因此了解原料的季节性特点很有必要。

（3）原料的产地

由于我国南北跨度大，气候、地理条件、土质、饲养及种植、加工方法各有不同，各地都有各自的特产、名产。同一原料因产地不同，质量、风味也会有很大的差异，因此了解原料的产地有利于择选优质原料。

（4）区别原料真伪

现在市场上供应的原料常有赝品、伪劣品或经不法手段处理过的原料，只有掌握正确的鉴定方法，熟悉天然材料固有的外观特征和品质特性，才不至于上当受骗。

（5）各类原料的卫生要求

要懂得识别受污染、腐败变质、被虫蛀的原料，区别有毒的、不可用的制品，以保证食用者的身体健康。

4）烹饪原料品质鉴定的方法

烹饪原料品质鉴定的方法可分为理化鉴定和感官鉴定两大类。

（1）理化鉴定

理化鉴定是利用仪器设备和化学试剂对原料的品质进行判断，包括理化检验和生物检验两种方法。

①理化检验主要是分析原料的营养成分、风味成分和有害成分等。

②生物检验可以测定原料有无毒性或生物性污染。

运用理化鉴定能具体而准确地分析食品的物质构成和性质，对原料品质和新鲜度等方面做出科学的判断，还能查出其变质的原因及有毒物质的毒理等。由于理化鉴定需要有专门的仪器设备和检验场所及专业的技术人员，检验周期长，难以在企业经营中使用。

（2）感官鉴定

感官鉴定是指利用人体的感觉器官，即用眼、耳、鼻、舌、手等对原料的品质进行辨别检验。感官鉴定主要有五种方法：

①视觉检验。指用肉眼对原料的外部特征（形态、色泽、清洁度、透明度等）进行检验。

②嗅觉检验。指利用人的鼻子来鉴别原料的气味。烹饪原料都有其正常的气味，当其腐败变质时会产生不同的异味。

③味觉检验。人的舌头上有许多味蕾，可以辨别原料的滋味。味觉检验就是通过感觉原料滋味的变化，判断原料品质的好坏。

④听觉检验。通过耳听被检原料主动或被动发出的响声来鉴定其品质的好坏。

⑤触觉检验。指通过手接触原料，检验原料的重量、质感（弹性、硬度、粗细）等，从而判断原料的质量。

感官鉴定简单易行，特别适合饮食行业使用，但容易产生偏差。只有在长期的实践中积累一定的经验后，才可以迅速地对原料的品质进行鉴定。感官鉴定有其局限性，只能凭人的感觉对原料的某些外形特点作大致的判断，不能完全反映其内部的本质变化，准确度不及理化鉴定。而且人的感觉和经验会有所差别，往往会影响检验的结果。

3. 烹饪原料的保管

饮食行业生产的特殊性决定了原料的采购一般是整批进行的，以便随时取用，保证生产供应的正常。由于烹饪原料绝大部分是动植物原料及其制品，不少原料的质量容易随存放时间的延长而下降，因此原料的保管不仅会影响菜肴的质量，还会影响菜肴的营养卫生和企业的经济效益等。

烹饪原料贮存保管的目的是延长原料的使用期限，保护原料质量以保证菜肴质量，防止浪费。要妥善保管原料，首先要了解引起原料变化的原因。

1）引起烹饪原料变化的因素

（1）物理方面

①温度。温度过高，会使原料的水分蒸发，令水果、蔬菜类原料干枯，还可能促进各种微生物生长与繁殖，使原料发生虫蛀、霉变或腐败等。温度过低，会使水果、蔬菜受冻伤，品质下降。

②湿度。空气湿度过大，干货原料会因吸潮而易导致发霉变质。面粉、淀粉等粉质原料会因受潮结块、变色。湿度过低，容易使新鲜原料的水分蒸发、重量减轻、干缩及变色等。

③日光照射。主要影响是使原料失去鲜艳的色彩，加速油脂的酸败。

④污染。主要是指原料吸入不良气味或被污染，这会影响原料的食用价值及纯度。

（2）化学方面

①氧化作用。原料与空气接触时，空气中的氧与原料的某些成分发生氧化反应导致原料品质下降。

②自然分解。由于动物性原料自身含有分解酶，动物被宰杀后，分解酶没有了氧气的抑制作用，原料就会发生一系列的分解反应，使原料的性状和品质发生改变。一些果实类的植物性原料，采收后会在酶的催化下发生一系列的生化反应，经过后熟作用具有良好的食用价值，如香蕉、菠萝等；但有些蔬菜和果品在贮存中却因呼吸作用而消耗内部贮存的营养物质，降低其营养价值。

（3）生物学方面

①微生物的影响。这种影响主要是由霉菌、细菌、酵母菌引起的。烹饪原料含有丰富的营养物质，给微生物的繁殖提供了有利的条件。当微生物污染了原料就会使原料腐败、霉变和发酵，影响原料的品质。

②虫类的影响。原料受到虫类的蛀咬、侵蚀，会使外观受到破坏，致使原料无法食用。

2）烹饪原料的保管方法

（1）低温保管法

低温保管法是指利用低温环境贮存原料的方法，是原料保管最普遍使用的方法。低温保管按保管温度的高低可分为冷藏和冷冻。

①冷藏是指将原料置于10 ℃以下没有结冰的环境中贮存，适用于蔬菜、水果、鲜蛋、牛奶等原料及鱼、肉料的短时间贮存。

②冷冻是指将原料置于冰点以下（一般指0 ℃以下）进行保管，适用于肉类、禽类、鱼类等原料的贮存。

由于原料的种类、性质特点不同，保管期长短要求不同，采用的

学习笔记

保管最佳温度也有很大的区别。

（2）高温保管法

高温保管法是指将原料进行热处理，使原料中的酶失去活性，停止新陈代谢，同时杀灭原料中的大多数微生物，减慢原料的腐败速度，使原料质量得到保持的方法。多数的腐败细菌及病原菌在70～80 ℃下经20～30分钟即可杀灭，部分细菌须在100 ℃下经30分钟至数小时才可杀灭。高温保管法可分为高温杀菌法和巴氏消毒法。

（3）干燥保管法

干燥保管法（也称脱水保管法）是指用晒干、烘干等方法去掉原料的大部分水分，使微生物得不到水分而抑制其生长繁殖，降低原料中酶的活性，减慢原料变质的速度，达到保管目的的方法。

（4）密封保管法

密封保管法是指将原料严密封闭在容器内，使其与外界隔绝，防止原料被污染和氧化的方法。

（5）腌渍保管法

根据所用的腌渍物质不同，腌渍保管法可分为盐渍保管法、糖渍保管法、酸渍保管法、酒渍保管法等。腌渍保管法不仅有效地贮存了原料，还因使用各种不同风味的物质进行腌渍，使原料产生了特殊的风味，从而改变了原料的部分天然品质。

（6）烟熏保管法

熏制原料的烟气中含有酚类、酸类和甲醛等具有防腐作用的化学物质，能渗入原料的内部，防止微生物繁殖。烟熏多在腌制的原料基础上进行，经过熏制的原料具有特殊的香味。

（7）活养法

鲜活的原料（主要指动物性原料）一般采用活养法贮存。活养的环境与原料原来的生活环境接近，尽量保持其体重及品质，延长其寿命和使用期限。

除此之外，原料的保管方法还有气调保管法、辐射保管法和保鲜剂保管法等。原料的保管方法有很多，必须根据不同原料的性质、引起原料变质的原因及生产设备的条件，选择适宜的保管方法。

【任务作业】

1.什么是烹饪原料？

2.烹饪原料常见的分类方法有哪些？

3.影响原料变质的因素有哪些？

4.烹饪原料的保管方法有哪些？

模块2

蔬菜原料加工技术

项目1 蔬菜原料的认识及加工方法

【任务描述】

在中餐厨房各岗位工作环境中，通过了解蔬菜原料的概念、分类及在烹饪中的应用，学会对蔬菜原料的品质鉴定、初加工和保管，尤其是砧板、剪菜等岗位。

【学习目标】

1. 了解蔬菜原料的概念。
2. 掌握蔬菜原料的分类及分类方法。
3. 掌握蔬菜原料的初加工方法。
4. 能够利用互联网收集整理烹饪原料的相关知识。
5. 通过人与自然的和谐相处，让学生明白要尊重每一个物种的道理。

1. 蔬菜原料的概念及分类

蔬菜是指可以作为烹饪原料，烹饪成为食品的一类植物或食用菌类及藻类。蔬菜是人们日常饮食中必不可少的食物，可提供人体所必需的多种维生素和矿物质等营养物质。一般来说，根据蔬菜的食用部位可分为以下几类。

1）叶菜类
以鲜嫩的叶片及叶柄为食材的蔬菜。
①普通叶菜类：小白菜、叶用芥菜、菜心、通菜、芥蓝、菠菜、苋菜、叶用甜菜、莴苣、茼蒿等。
②结球叶菜类：结球甘蓝、大白菜、结球莴苣、包心芥菜等。
③辛香叶菜类：大葱、韭菜、分葱、茴香、芫荽等。

2）根茎菜类
以肥大的根茎部为食材的蔬菜。
①肉质根类：以种子胚根生长肥大的主根为食材，如白萝卜、胡萝卜、根用芥菜、芜菁甘蓝、芜菁、辣根、美洲防风等。
②块根类：以肥大的侧根或营养芽发生的根膨大为食材，如牛蒡、豆薯、甘薯、葛等。
③肉质茎类：以肥大的地上茎为食材，如莴笋、茭白、茎用芥菜、球茎甘蓝（又名茎蓝）等。
④嫩茎类：以萌发的嫩芽为食材，如芦笋、竹笋、香椿等。
⑤块茎类：以肥大的块茎为食材，如土豆、菊芋、银条菜等。
⑥根茎类：以肥大的根茎为食材，如莲藕、姜、蘘荷等。
⑦球茎类：以地下的球茎为食材，如慈姑、芋头、马蹄等。
⑧鳞茎类：由叶鞘基部膨大形成鳞茎，如洋葱、大蒜、胡葱、百合等。

3）花菜类

以菜的花部为食材的蔬菜，如金针菜（又名黄花菜）、夜香花、花椰菜、紫菜薹、菊花等。

4）果菜类

以果实及种子为食材的蔬菜。

①瓠果类：南瓜、黄瓜、冬瓜、丝瓜、苦瓜、蛇瓜、佛手瓜等。

②浆果类：番茄、辣椒、茄子等。

③荚果类：菜豆、豇豆、刀豆、豌豆、蚕豆、毛豆等。

④杂果类：甜玉米、菱角、秋葵等。

5）食用菌类

以肥大子实体为食材的真菌，如金针菇、香菇、草菇、茶树菇等。

蔬菜原料在饮食中具有重要的意义：

①蔬菜是多种维生素（如抗坏血酸、胡萝卜素和核黄素）的重要来源。

②蔬菜中含有丰富的无机盐（如钙、铁、钾等），对维持体内的酸碱平衡十分重要。

③蔬菜中所含的纤维素、果胶质等物质具有一定的生理学意义。

④蔬菜中含有大量的酶和有机酸（如萝卜中含有丰富的淀粉酶），可促进消化。

⑤某些蔬菜具有一定的生理学或药理学作用。如大蒜中含有的蒜素具有较强的杀菌力，苦瓜有明显的降血糖作用，洋葱可明显地降低胆固醇。

2.蔬菜在烹饪中的作用

蔬菜在烹饪中的应用广泛，可作为主料、配料、调料及雕刻原料等。

①作为主料，单独成菜，如鱼香茄子、生炒菜心、蚝油瓜脯等。

②含淀粉多的蔬菜，可用于主食、小吃的制作，如南瓜、薯类、芋头等。

③作为配料，与动物性原料、粮食类原料等共同制作菜点、汤品等，如双菇扒菜胆、豉椒炒牛肉、鲜贝冬瓜汤等。

④作为调味料，具有去腥、除异味、增香的作用，如生姜、葱、大蒜、芫荽、韭菜等。

⑤作为雕刻、装饰原料，用于菜点的美化，如萝卜、南瓜、芋头、马铃薯、黄瓜、白菜等。

⑥用于盐渍、糖渍、发酵、干制等加工，延长食用期，改善原料的口感或风味，如咸菜、糖冬瓜条、泡菜、腌雪里蕻、玉兰片等。

学习笔记

3. 蔬菜初步加工的常见方法

1）浸洗

浸就是把蔬菜放在水中浸泡，浸泡能使泥沙杂物松脱，便于洗出；浸泡可使残留的农药渗出；若水中添加某些物质（如高锰酸钾、食盐）时，浸泡便有杀菌除虫的作用。洗就是洗涤，浸和洗往往是连在一起的。洗涤有以下几种方法：

①清水洗：把蔬菜放在清水中清洗是最常用的方法。清水洗又可分为扬洗（菜胆类要特别注意扬净菜叶中的泥沙）、搓洗、刮洗、漂洗等。

②消毒水浸洗：常使用浓度为0.3%的高锰酸钾溶液作为消毒水。把蔬菜净料放在消毒水中浸泡5分钟，然后用净水清洗。此方法适用于生食的蔬菜。

③盐水浸洗：将蔬菜放入浓度为2%的食盐水中浸泡5分钟，蔬菜中的虫或虫卵就会浮起或脱落，再用清水洗净即可。

2）剪择

可用剪刀或用手择菜，去掉废料，再把蔬菜加工成规定的形状，分类放置好。

3）刮削

用刀或刮皮器刨去蔬菜的粗皮或根须。

4）剔挖

用尖刀清除蔬菜凹陷处的污物，以及掏挖瓜瓤。

5）切改

用刀把蔬菜净料切成需要的形状。

6）刨磨

用专用的或特制的刨具、磨具把蔬菜刨成丝、片或磨成蓉状。

【任务作业】

1. 什么是蔬菜原料？
2. 蔬菜原料可分为哪些类别？请分别举例。
3. 蔬菜原料在烹饪中如何应用？
4. 蔬菜原料有哪些常见的初加工方法？

项目2 叶菜类原料知识与加工技术

任务① 菜心知识与加工方法

【任务描述】

在中餐厨房剪菜岗位工作环境中，运用初加工与细加工的技法完成叶菜类原料菜心的刀工成型处理。

【学习目标】

1. 学会对叶菜类原料菜心进行品质鉴别。
2. 掌握菜远、郊菜的加工方法。
3. 懂得菜远、郊菜在烹调中的应用。
4. 培养学生脚踏实地、实干兴邦的劳动精神，弘扬新时代工匠精神。

【任务准备】

1. 原料准备：菜心250克。

菜心（图2.1），又名菜薹、广东菜心，以花薹供食用。株体直立或半直立，叶片较少，叶形有狭长形、长椭圆形和卵形，叶色为黄绿色或青绿色。主要产于南方，秋后上市的菜心品质最好，以广州的青骨柳菜心为代表。

图2.1 菜心

2. 工用具准备：水盆1个、厨用剪刀1把。

【任务实施】

1. 去除菜心上的杂物（如泥沙、虫等）、老叶、烂叶等（图2.2）。
2. 用清水清洗干净（图2.3）。
3. 郊菜：剪去菜花及叶尾端，在顶部顺叶柄剪出一段，长12厘米。
4. 菜远：剪去菜心及叶尾端，在顶部顺叶柄剪出一至两段，长7厘米。
5. 直剪菜：按菜远的剪法，将整棵菜心剪完（图2.4、图2.5）。

图2.2　去老叶

图2.3　清洗

图2.4　剪菜

图2.5　菜远、郊菜成品

【技术要领】

1.选料要严谨，选用合适的菜心进行加工。

2.清洗要干净。

3.严格按要求进行加工，刀口要齐整，不带菜花。

【质量要求及烹调应用】

1.质量要求：新鲜脆嫩，大小、长短均匀，形态完整。

2.烹调应用：菜心适用于炒、扒、滚汤等烹调方法。

【任务评价】

原料	加工成型名称	评价要求	配分/分	得分/分
菜心	菜远	1. 准备好加工所需的工用具	5	
		2. 工衣、围裙、工帽、工鞋洁净，穿着规范	10	
		3. 选料合理，择洗得当	15	
		4. 剪菜方法正确，操作熟练	25	
		5. 成品大小、长短均匀，形态完整，起货成率符合要求	25	
		6. 操作符合卫生要求	10	
		7. 在规定时间内完成任务	10	
得分			100	

【任务作业】

1. 完成实训报告。
2. 菜远与郊菜在烹调上有何差异？

【任务视频】

剪郊菜

剪菜远

任务 ❷ 芥蓝知识与加工方法

【任务描述】

在中餐厨房剪菜岗位工作环境中，运用初加工与细加工的技法完成叶菜类原料芥蓝的刀工成型处理。

【学习目标】

1. 学会对叶菜类原料芥蓝进行品质鉴别。
2. 掌握芥蓝的加工方法。
3. 懂得芥蓝加工后在烹调中的应用。
4. 培养学生吃苦耐劳的精神和坚强的毅力。

【任务准备】

1. 原料准备：芥蓝250克。

芥蓝（图2.6），又名白花甘蓝，原产于我国南部，株体直立，节间疏，叶面平滑或皱缩，有的表面披蜡粉。以秋季上市、无涩味的为佳。

2. 工用具准备：水盆1个，厨用剪刀1把。

图2.6 芥蓝

【任务实施】

与菜心的加工方法一样。

【技术要领】

与菜心的加工方法一样。

【质量要求及烹调应用】

1. 质量要求：新鲜脆嫩，大小、长短均匀，形态完整。
2. 烹调应用：适用于炒、扒等烹调方法。

【任务评价】

原料	加工成型名称	评价要求	配分/分	得分/分
芥蓝	郊菜	1. 准备好加工所需的工用具	5	
		2. 工衣、围裙、工帽、工鞋洁净，穿着规范	10	
		3. 选料合理，择洗得当	15	
		4. 剪菜方法正确，操作熟练	25	
		5. 成品大小、长短均匀，形态完整，起货成率符合要求	25	
		6. 操作符合卫生要求	10	
		7. 在规定时间内完成任务	10	
得分			100	

【任务作业】

完成实训报告。

任务3 芥菜知识与加工方法

【任务描述】

在中餐厨房剪菜岗位工作环境中，运用初加工与细加工的技法完成叶菜类原料芥菜的刀工成型处理。

【学习目标】

1. 学会对叶菜类原料芥菜进行品质鉴别。
2. 掌握芥菜胆的加工方法。
3. 懂得芥菜加工后在烹调中的应用。
4. 培养学生爱岗敬业、吃苦耐劳的劳动精神和节约意识。

【任务准备】

1. 原料准备：芥菜250克。

芥菜（图2.7），又名大心芥菜、大叶芥菜、辣菜，原产于我国。芥菜的种类多，有大叶芥，色深绿，茎高叶大，柔软；卷芥，心露，呈卷心状；包心芥，中心叶片卷合呈叶球状，肉质茎宽大肥厚；还有雪里蕻、花叶芥等。冬季盛产芥菜，广东地区以茂名水东出产的最为有名。

2. 工用具准备：水盆1个，厨用剪刀1把。

图2.7 芥菜

【任务实施】

1. 去除芥菜上的杂物（如泥沙、虫等）、老叶、烂叶，清洗干净。
2. 菜胆：将芥菜切去头尾，去软叶留梗，改成14厘米长，在菜头处用刀切十字。
3. 菜段：将芥菜去头去老叶，切成5厘米长。

【技术要领】

1. 要选用矮脚菜。
2. 清洗干净，菜胆不能有泥沙。
3. 按烹调要求完成，刀口要齐整、均匀。

【质量要求与烹调应用】

1. 质量要求：品质脆硬，具特殊香辣味。
2. 烹调应用：适用于炒、扒、滚汤、拌等烹调方法。

【任务评价】

原料	加工成型名称	评价要求	配分/分	得分/分
芥菜	芥菜胆	1. 准备好加工所需的工用具	5	
		2. 工衣、围裙、工帽、工鞋洁净，穿着规范	10	
		3. 选料合理，择洗得当	15	
		4. 改菜胆方法正确，操作熟练	25	
		5. 成品大小、长短一致，形态完整，起货成率符合要求	25	
		6. 操作符合卫生要求	10	
		7. 在规定时间内完成任务	10	
得分			100	

【任务作业】

1. 完成实训报告。
2. 加工芥菜胆时要注意哪些环节?

任务 4 小棠菜知识与加工方法

【任务描述】

在中餐厨房剪菜岗位工作环境中，运用初加工与细加工的技法完成叶菜类原料小棠菜的刀工成型处理。

【学习目标】

1. 学会对叶菜类原料小棠菜进行品质鉴别。
2. 掌握改菜胆的方法。
3. 懂得小棠菜加工后在烹调中的应用。
4. 增强学生为人民服务的意识，树立热爱劳动、以劳动为荣的意识。

【任务准备】

1. 原料准备：小棠菜250克。

小棠菜（图2.8），又名上海青，原产于我国，全国各地均有栽培。质地柔嫩，味甜而具清香。

2. 工用具准备：水盆1个，桑刀1把。

图2.8　小棠菜

【任务实施】

1. 去除小棠菜上的杂物（如泥沙、虫等）、老叶、烂叶，洗净（图2.9）。
2. 菜胆：将小棠菜切去头尾，去软叶留梗，改成12厘米长，在菜头处用刀切十字，大棵一开二，再用清水洗去污物（图2.10、图2.11）。

图2.9　清洗

图2.10　改菜胆

图2.11　小棠菜胆成品

【技术要领】

1. 能够按照烹饪要求进行初加工。
2. 用于炒制时，清洗干净后掰成瓣。

【质量要求及烹调应用】

1. 质量要求：新鲜脆嫩，大小、长短适中，形态完整。
2. 烹调应用：适用于炒、扒等烹调方法，以及菜肴拌边。

【任务评价】

原料	加工成型名称	评价要求	配分/分	得分/分
小棠菜	小棠菜胆	1. 准备好加工所需的工用具	5	
		2. 工衣、围裙、工帽、工鞋洁净，穿着规范	10	
		3. 选料合理，择洗得当	15	
		4. 改菜胆方法正确，操作熟练	25	
		5. 成品大小、长短一致，形态完整，起货成率符合要求	25	
		6. 操作符合卫生要求	10	
		7. 在规定时间内完成任务	10	
得分			100	

【任务作业】

1. 完成实训报告。
2. 改原棵菜胆时在菜头处应如何处理？为什么？

【任务视频】

改菜胆

任务 5 娃娃菜知识与加工方法

【任务描述】

在中餐厨房剪菜岗位工作环境中，运用初加工与细加工的技法完成叶菜类原料娃娃菜的刀工成型处理。

【学习目标】

1. 学会对叶菜类原料娃娃菜进行品质鉴别。
2. 掌握娃娃菜的加工方法。
3. 懂得娃娃菜加工后在烹调中的应用。
4. 帮助学生养成良好的职业习惯和节约意识。

【任务准备】

1. 原料准备：娃娃菜1棵。

娃娃菜（图2.12），一种袖珍型白菜，外形与大白菜一致，但尺寸仅相当于大白菜的1/5～1/4，富含维生素A、维生素C、B族维生素、钾、硒等微量元素，是一种理想的食用蔬菜。

2. 工用具准备：水盆1个，桑刀1把。

图2.12 娃娃菜

【任务实施】

1. 去除娃娃菜上的杂物（如泥沙、虫等）、老叶、烂叶、须根，洗净（图2.13）。
2. 菜胆：去老叶，从头部向叶端取长12厘米，洗净后一开二（图2.14），若用于高档菜式时，剥去叶瓣取出蕊部，略修叶片（图2.15）。

图2.13 清洗

图2.14 改菜胆

图2.15 娃娃菜胆成品

【技术要领】

1. 清洗干净，不留泥沙。
2. 按烹调要求进行加工。

【质量要求及烹调应用】

1. 质量要求：新鲜、脆嫩，棵型完整。
2. 烹调应用：适用于炒、扒等烹调方法。

【任务评价】

原料	加工成型名称	评价要求	配分/分	得分/分
娃娃菜	娃娃菜胆	1. 准备好加工所需的工用具	5	
		2. 工衣、围裙、工帽、工鞋洁净，穿着规范	10	
		3. 选料合理，择洗得当	15	
		4. 改菜胆方法正确，操作熟练	25	
		5. 成品大小、长短一致，形态完整，起货成率符合要求	25	
		6. 操作符合卫生要求	10	
		7. 在规定时间内完成任务	10	
得分			100	

【任务作业】

完成实训报告。

学习笔记

任务❻ 绍菜知识与加工方法

【任务描述】

在中餐厨房剪菜岗位工作环境中，运用初加工与细加工的技法完成叶菜类原料绍菜的刀工成型处理。

【学习目标】

1. 学会对叶菜类原料绍菜进行品质鉴别。
2. 掌握绍菜的加工方法。
3. 懂得绍菜加工后在烹调中的应用。
4. 养成勤俭节约、诚实守信的良好品德。

【任务准备】

1. 原料准备：绍菜500克。

绍菜（图2.16），又名黄芽白、天津大白菜、结球白菜，株体直立，叶宽而大，椭圆形或长圆形，边缘波状有齿，色浅绿或淡白，菜叶紧紧裹着。山东、河北等地种植最多，品种数量众多，名品也多。常用于炒、拌、煮、制馅等，并可作为食品雕刻的原料。

2. 工用具准备：水盆1个，桑刀1把。

图2.16　绍菜

【任务实施】

1. 去除绍菜上的杂物（如泥沙、虫等）、老叶、烂叶等。
2. 菜胆：剥去叶瓣，撕去叶筋，切成长12厘米的段成榄核形。芯部取12厘米，顺切成两边或四边。
3. 菜段：横切成段，根据需要切宽段或窄段。

【技术要领】

1. 清洗干净，不留泥沙。
2. 按烹调要求进行加工。

【质量要求及烹调应用】

1. 质量要求：新鲜、脆嫩，棵型完整。
2. 烹调应用：适用于炒、扒等烹调方法。

【任务评价】

原料	加工成型名称	评价要求	配分/分	得分/分
绍菜	绍菜胆	1. 准备好加工所需的工用具	5	
		2. 工衣、围裙、工帽、工鞋洁净，穿着规范	10	
		3. 选料合理，择洗得当	15	
		4. 改菜胆方法正确，操作熟练	25	
		5. 成品大小、长短一致，形态完整，起货成率符合要求	25	
		6. 操作符合卫生要求	10	
		7. 在规定时间内完成任务	10	
得分			100	

【任务作业】

1. 完成实训报告。
2. 加工绍菜胆时要注意哪些环节？

任务 7 生菜知识与加工方法

【任务描述】

在中餐厨房剪菜岗位工作环境中，运用初加工与细加工的技法完成叶菜类原料生菜的刀工成型处理。

【学习目标】

1. 学会对叶菜类原料生菜进行品质鉴别。
2. 掌握生菜的加工方法。
3. 懂得生菜加工后在烹调中的应用。
4. 培养学生养成垃圾分类、节约食材、物尽其用的良好习惯。

【任务准备】

1. 原料准备：生菜250克。

生菜（图2.17），莴苣的变种，可分为三种类型：长叶生菜，外叶直立，叶薄柔软，叶面有皱褶；皱叶生菜，叶面多皱缩，叶片深裂；结球生菜，叶平滑或微皱，心叶呈球形。按颜色又可分为青叶生菜、白叶生菜、紫叶生菜和红叶生菜。生菜含热量低，可生食或熟食，冬春季产的生菜品质佳。

2. 工用具准备：水盆1个，剪刀1把，桑刀1把。

图2.17 生菜

【任务实施】

1. 去除生菜上的杂物（如泥沙、虫等）、老叶、烂叶，洗净（图2.18）。
2. 菜胆：切去叶尾端，取根部至叶片最嫩部分，长12厘米，在菜头处切十字，大棵一开二。高档菜品使用的菜胆还需修剪叶片，留下尖形叶柄，形如羽毛球（图2.19）。
3. 圆形叶状：将叶片剪成圆形，用消毒水浸泡。

图2.18 清洗

图2.19 改菜胆

图2.20 生菜胆成品

【技术要领】

1. 清洗干净，不留泥沙。
2. 按烹调要求进行加工。

【质量要求及烹调应用】

1. 质量要求：新鲜、脆嫩，棵型完整。
2. 烹调应用：适用于炒、扒等烹调方法，以及菜肴拌边和生食。

【任务评价】

原料	加工成型名称	评价要求	配分/分	得分/分
生菜	生菜胆	1. 准备好加工所需的工用具	5	
		2. 工衣、围裙、工帽、工鞋洁净，穿着规范	10	
		3. 选料合理，择洗得当	15	
		4. 改菜胆方法正确，操作熟练	25	
		5. 成品大小、长短一致，形态完整，起货成率符合要求	25	
		6. 操作符合卫生要求	10	
		7. 在规定时间内完成任务	10	
得分			100	

【任务作业】

1. 完成实训报告。
2. 生菜胆若在高档菜肴中应如何加工？

学习笔记

任务❽ 菠菜知识与加工方法

【任务描述】

在中餐厨房剪菜岗位工作环境中，运用初加工与细加工的技法完成叶菜类原料菠菜的刀工成型处理。

【学习目标】

1. 学会对叶菜类原料菠菜进行品质鉴别。
2. 掌握菠菜的加工方法。
3. 懂得菠菜加工后在烹调中的应用。
4. 培养学生爱岗敬业、吃苦耐劳的劳动精神，强化职业操守和法治观念。

【任务准备】

1. 原料准备：菠菜250克。

菠菜（图2.21），主根发达，肉质根红色，味甜可食。叶柄长，有尖叶或圆叶，深绿色，头部带有红色，含铁质丰富，但含硝酸盐和草酸较多，烹调时要进行恰当处理。广东冬春供应较多。

2. 工用具准备：水盆1个，桑刀1把。

图2.21 菠菜

【任务实施】

1. 去除菜身上的杂物（如泥沙、虫等）、老叶、烂叶、须根，洗净。
2. 削去根须，原棵洗净。还可榨取菠菜汁使用。

【技术要领】

1. 清洗干净，不留泥沙。
2. 按烹调要求进行加工。

【质量要求及烹调应用】

1. 质量要求：清洗干净，无黄叶、老叶，整齐。
2. 烹调应用：适用于炒、扒、滚等烹调方法。

【任务评价】

原料	加工成型名称	评价要求	配分/分	得分/分
菠菜	原棵	1. 准备好加工所需的工用具	5	
		2. 工衣、围裙、工帽、工鞋洁净，穿着规范	10	
		3. 选料合理，清洗干净	15	
		4. 削去根须、黄叶等操作方法正确、熟练	25	
		5. 株型完整，长短均匀，无根须，原料新鲜、质嫩，起货成率符合要求	25	
		6. 操作符合卫生要求	10	
		7. 在规定时间内完成任务	10	
得分			100	

【任务作业】

完成实训报告。

学习笔记

任务 9　通菜知识与加工方法

【任务描述】

在中餐厨房剪菜岗位工作环境中，运用初加工与细加工的技法完成叶菜类原料通菜的刀工成型处理。

【学习目标】

1. 学会对叶菜类原料通菜进行品质鉴别。
2. 掌握通菜的加工方法。
3. 懂得通菜加工后在烹调中的应用。
4. 培养学生立大志、担大任、成大器、立大功的社会主义建设者和接班人。

【任务准备】

1. 原料准备：通菜250克。

通菜（图2.22），又名蕹菜、空心菜，茎中空，有旱生和水生两种。水生的通菜，茎叶粗大，色浅；旱生的通菜，茎叶细小，茎节较短，色较浓绿。富含各种维生素和矿物盐。通菜嫩滑可口，爽脆，是夏秋季很重要的蔬菜。

2. 工用具准备：水盆1个，桑刀1把。

图2.22　通菜

【任务实施】

1. 去除通菜上的杂物（如泥沙、虫等）、老叶、烂叶，洗净。
2. 原棵：长的宜折成段，每段茎必须带叶。
3. 菜梗：取粗茎长7厘米。

【技术要领】

1. 清洗干净，不留污物。
2. 按烹调要求进行加工。

【质量要求及烹调应用】

1. 质量要求：新鲜、质嫩、株型完整且清洗干净。
2. 烹调应用：适用于炒等烹调方法。

【任务评价】

原料	加工成型名称	评价要求	配分/分	得分/分
通菜	原棵	1. 准备好加工所需的工用具	5	
		2. 工衣、围裙、工帽、工鞋洁净,穿着规范	10	
		3. 选料合理,清洗干净	15	
		4. 去除老梗等操作方法正确、熟练	25	
		5. 株型完整,长短均匀,原料新鲜、质嫩带叶,起货成率符合要求	25	
		6. 操作符合卫生要求	10	
		7. 在规定时间内完成任务	10	
得分			100	

【任务作业】

1. 完成实训报告。
2. 通菜可分为哪几种类型? 各有什么特点?

任务⑩ 苋菜知识与加工方法

【任务描述】

在中餐厨房剪菜岗位工作环境中，运用初加工与细加工的技法完成叶菜类原料苋菜的刀工成型处理。

【学习目标】

1. 学会对叶菜类原料苋菜进行品质鉴别。
2. 掌握苋菜的加工方法。
3. 懂得苋菜加工后在烹调中的应用。
4. 培养自主探究和团队合作的学习能力。

【任务准备】

1. 原料准备：苋菜250克。

苋菜（图2.23），按叶形有圆叶、尖叶之分，以圆叶品种为佳；按叶片颜色可分为红苋、绿苋、彩色苋。各地均有栽种，春季到秋季均有供应。

2. 工用具准备：水盆1个，桑刀1把。

图2.23 苋菜

【任务实施】

1. 去除苋菜上的杂物（如泥沙、虫等）、老叶、烂叶、须根等。
2. 原棵：切去头部、老梗。若出产量多时，还需按菜节摘段使用。

【技术要领】

1. 清洗干净，不留泥沙。
2. 按烹调要求进行加工。

【质量要求及烹调应用】

1. 质量要求：新鲜、质嫩、株型完整。
2. 烹调应用：适用于炒、滚等烹调方法。

【任务评价】

原料	加工成型名称	评价要求	配分/分	得分/分
苋菜	原棵	1. 准备好加工所需的工用具	5	
		2. 工衣、围裙、工帽、工鞋洁净，穿着规范	10	
		3. 选料合理，清洗干净	15	
		4. 去除老梗等操作方法正确、熟练	25	
		5. 成品株型完整，新鲜、质嫩，起货成率符合要求	25	
		6. 操作符合卫生要求	10	
		7. 在规定时间内完成任务	10	
得分			100	

【任务作业】

完成实训报告。

任务⑪ 潺菜知识与加工方法

【任务描述】

在中餐厨房剪菜岗位工作环境中，运用初加工与细加工的技法完成叶菜类原料潺菜的刀工成型处理。

【学习目标】

1. 学会对叶菜类原料潺菜进行品质鉴别。
2. 掌握潺菜的加工方法。
3. 懂得潺菜加工后在烹调中的应用。
4. 培养学生安全、卫生的行为习惯，弘扬中华优秀传统文化，增强文化自信。

【任务准备】

1. 原料准备：潺菜250克。

潺菜（图2.24），又名落葵、木耳菜，肉质茎长3～4米，分枝力强，可生10多个分枝。叶互生，全缘，卵圆形，先端略尖，光滑无毛。

2. 工用具准备：水盆1个，桑刀1把。

图2.24　潺菜

【任务实施】

1. 去除潺菜上的杂物（如泥沙、虫等）、老叶、烂叶，洗净。
2. 原棵：切去老梗。

【技术要领】

1. 清洗干净，不留泥沙。
2. 按烹调要求进行加工。

【质量要求及烹调应用】

1. 质量要求：新鲜、质地柔软，株型完整。
2. 烹调应用：适用于炒等烹调方法。

【任务评价】

原料	加工成型名称	评价要求	配分/分	得分/分
潺菜	潺菜叶	1. 准备好加工所需的工用具	5	
		2. 工衣、围裙、工帽、工鞋洁净，穿着规范	10	
		3. 选料合理，清洗干净	15	
		4. 去除菜头、老梗等操作方法正确、熟练	25	
		5. 成品叶子完整，新鲜、质地柔软，起货成率符合要求	25	
		6. 操作符合卫生要求	10	
		7. 在规定时间内完成任务	10	
得分			100	

【任务作业】

完成实训报告。

任务⑫ 西洋菜知识与加工方法

【任务描述】

在中餐厨房剪菜岗位工作环境中，运用初加工与细加工的技法完成叶菜类原料西洋菜的刀工成型处理。

【学习目标】

1. 学会对叶菜类原料西洋菜进行品质鉴别。
2. 掌握西洋菜的加工方法。
3. 懂得西洋菜加工后在烹调中的应用。
4. 践行社会主义核心价值观，养成勤俭节约、诚实守信的良好品德。

【任务准备】

1. 原料准备：西洋菜250克。

西洋菜（图2.25），又名豆瓣菜，株体直立或半直立，茎圆。叶为墨绿色的卵圆形羽状复叶。食用期为秋冬春季。

2. 工用具准备：水盆1个，桑刀1把。

图2.25 西洋菜

【任务实施】

1. 去除西洋菜上的杂物（如泥沙、虫等）、老叶、烂叶，洗净。
2. 原棵：切去头部和老梗。

【技术要领】

1. 清洗干净，不留污物。
2. 按烹调要求进行加工。

【质量要求及烹调应用】

1. 质量要求：质地鲜嫩、整齐干净，株型完整。
2. 烹调应用：适用于炒、煲、滚等烹调方法。

【任务评价】

原料	加工成型名称	评价要求	配分/分	得分/分
西洋菜	原棵	1. 准备好加工所需的工用具	5	
		2. 工衣、围裙、工帽、工鞋洁净，穿着规范	10	
		3. 选料合理，清洗干净	15	
		4. 去除菜头、老梗等操作方法正确、熟练	25	
		5. 成品株型完整，质地鲜嫩、整齐无杂质，起货成率符合要求	25	
		6. 操作符合卫生要求	10	
		7. 在规定时间内完成任务	10	
得分			100	

【任务作业】

完成实训报告。

项目3 根茎类原料知识与加工技术

任务① 莲藕知识与加工方法

【任务描述】

在中餐厨房剪菜岗位工作环境中，运用初加工与细加工的技法完成根茎类原料莲藕的刀工成型处理。

【学习目标】

1. 学会对根茎类原料莲藕进行品质鉴别。
2. 掌握莲藕的加工方法。
3. 懂得莲藕加工后在烹调中的应用。
4. 培养学生热爱劳动，在工作中养成整洁、卫生的良好习惯。

【任务准备】

1. 原料准备：莲藕250克。

莲藕（图2.26），喜欢生长在肥沃、有机质多的微酸性黏土中，喜温暖、喜水，我国中南部栽培较多。藕有母藕和子藕之分，先端长出的肥大短缩的为母藕，一般有3～5节，长在母节上的是子节。藕的外皮呈黄白色或白色，中间有7～9个圆孔形的眼。按上市季节可分为果藕、鲜藕、老藕；按花的颜色可分为白花莲藕、红花莲藕。藕在广东有"泮塘五秀"之称。莲藕微甜而脆，且药用价值较高。

图2.26 莲藕

2. 工用具准备：水盆1个，削皮刀1把，桑刀1把，砧板1块。

【任务实施】

1. 清洗去泥，刮去藕衣，削净藕节。
2. 藕节：按节切断，原节使用。
3. 藕块：按节切断后，拍裂成块。
4. 藕片：按节切断后，横切成片状。
5. 藕盒：横切成双飞片。
6. 藕丝：取长7厘米，再切成丝。

【技术要领】

1. 清洗干净，不留余泥。
2. 按烹调要求进行加工。
3. 加工后用水浸泡，以免变色。

【质量要求及烹调应用】

1. 质量要求：完整、无余泥，色泽明净。
2. 烹调应用：莲藕适用于炒、煲、焖等烹调方法。

【任务评价】

原料	加工成型名称	评价要求	配分/分	得分/分
莲藕	莲藕片、丝、块、盒	1. 准备好加工所需的工用具	5	
		2. 工衣、围裙、工帽、工鞋洁净，穿着规范	10	
		3. 选料合理，清洗干净	15	
		4. 刮去藕衣、削净藕节等操作方法正确、熟练，保管合理	25	
		5. 成品符合规格，起货成率符合要求	25	
		6. 操作符合卫生要求	10	
		7. 在规定时间内完成任务	10	
得分			100	

【任务作业】

1. 完成实训报告。
2. 莲藕用于炒、煲、焖的菜肴时应怎样加工？

学习笔记

任务 ② 土豆知识与加工方法

【任务描述】

在中餐厨房剪菜、砧板岗位工作环境中，运用初加工与细加工的技法完成根茎类原料土豆的刀工成型处理。

【学习目标】

1. 学会对根茎类原料土豆进行品质鉴别。
2. 掌握土豆的加工方法。
3. 懂得土豆加工后在烹调中的应用。
4. 培养学生脚踏实地、实干兴邦，弘扬新时代工匠精神，养成良好的职业习惯和节约意识。

【任务准备】

1. 原料准备：土豆250克。

土豆（图2.27），又名马铃薯、洋芋、山药蛋。在法国，土豆被称为"地下苹果"，是世界主要粮食作物之一。外形呈椭圆形、球形或不规则块状；外皮黄褐色或黄白色，肉为黄白色，表面有芽眼。土豆的品种较多，一年四季均有供应。若储藏不当，会出现表皮发紫、发绿或出芽等现象，此时块茎上的毒素——龙葵素就会明显增加，食用后会中毒，加工时应挖去芽眼，削去绿色部分，严重的不能食用。

图2.27 土豆

2. 工用具准备：水盆1个，削皮刀1把，桑刀1把，砧板1块。

【任务实施】

1. 削去外皮，挖出芽眼，洗净后清水浸泡。
2. 土豆丝：顺着切成厚0.3厘米的片状，再切成宽0.3厘米的丝。
3. 菱形块：切成边长为2厘米的菱形。

【技术要领】

1. 削皮要干净并挖去芽眼。
2. 按烹调要求进行加工。
3. 加工后用水浸泡，以免变色。

【质量要求及烹调应用】

1. 质量要求：去皮干净且起货成率高，色泽明净。
2. 烹调应用：土豆适用于炒、焖、炸等烹调方法。

【任务评价】

原料	加工成型名称	评价要求	配分/分	得分/分
土豆	土豆丝（中丝）	1. 准备好加工所需的工用具	5	
		2. 工衣、围裙、工帽、工鞋洁净，穿着规范	10	
		3. 选料合理，清洗干净	15	
		4. 用刀削去外皮、挖出芽眼、运用直刀法切丝等操作方法正确、熟练，保管合理	25	
		5. 成品均匀、色泽明净，符合中丝规格，起货成率符合要求	25	
		6. 操作符合卫生要求	10	
		7. 在规定时间内完成任务	10	
得分			100	

【任务作业】

完成实训报告。

任务 3　芹菜知识与加工方法

【任务描述】

在中餐厨房剪菜岗位工作环境中，运用初加工与细加工的技法完成根茎类原料芹菜的刀工成型处理。

【学习目标】

1. 学会对根茎类原料芹菜进行品质鉴别。
2. 掌握芹菜的加工方法。
3. 懂得芹菜加工后在烹调中的应用。
4. 培养学生热爱本专业，明确学习目标，树立热爱劳动、以劳动为荣的意识。

【任务准备】

1. 原料准备：芹菜150克。

芹菜（图2.28）可分为中国芹菜和西洋芹菜。西洋芹菜简称西芹，由国外引入，营养丰富，富含蛋白质、碳水化合物、矿物质及多种维生素等营养物质，还含有芹菜油，具有降血压、镇静、健胃、利尿等功效，是一种保健蔬菜。根小，株高，叶柄宽厚，实心，单株叶片数多，辛香味较淡，重量大，可达1千克以上。

2. 工用具准备：水盆1个，削皮刀或桑刀1把。

图2.28　芹菜

【任务实施】

1. 剥开，撕去叶筋，取叶柄。
2. 西芹丁：将叶柄切成宽1厘米的条形，再切成1厘米的丁。
3. 西芹片：将叶柄切成宽2厘米的条形，再切成长4厘米的片。

【技术要领】

1. 要撕净筋。
2. 切配时下刀要准确。

【质量要求及烹调应用】

1. 质量要求：鲜嫩、不带叶和筋，色泽翠绿，完整。
2. 烹调应用：适用于炒等烹调方法及制作馅料。

【任务评价】

原料	加工成型名称	评价要求	配分/分	得分/分
西芹	西芹丁	1. 准备好加工所需的工用具	5	
		2. 工衣、围裙、工帽、工鞋洁净，穿着规范	10	
		3. 选料合理，清洗干净	15	
		4. 撕叶筋，取叶柄、运用直刀法切丁的操作方法正确、熟练	25	
		5. 成品均匀、色泽青绿、鲜嫩，符合丁规格（1厘米方形或菱形），起货成率符合要求	25	
		6. 操作符合卫生要求	10	
		7. 在规定时间内完成任务	10	
得分			100	

【任务作业】

1. 完成实训报告。
2. 中国芹菜与西洋芹菜有何差异？

任务④ 芦笋知识与加工方法

【任务描述】

在中餐厨房剪菜岗位工作环境中，运用初加工与细加工的技法完成根茎类原料芦笋的刀工成型处理。

【学习目标】

1. 学会对根茎类原料芦笋进行品质鉴别。
2. 掌握芦笋的加工方法。
3. 懂得芦笋加工后在烹调中的应用。
4. 让学生养成节约食材、物尽其用的良好习惯。

【任务准备】

1. 原料准备：芦笋150克。

芦笋（图2.29），又名石刁柏、龙须菜、露笋，呈细长条形，长10～30厘米，茎上有退化的鳞状叶，顶部嫩芽如箭头。经培土软化或不见光的为奶白色，称为白芦笋；不经处理的呈绿色，称为绿芦笋。

2. 工用具准备：水盆1个，削皮刀或桑刀1把。

图2.29 芦笋

【任务实施】

1. 削去外层硬皮，洗净。
2. 芦笋尖：取芦笋尖端9～12厘米嫩茎。
3. 芦笋丁：切成2厘米的方形或菱形。

【技术要领】

1. 要去除外层硬皮。
2. 切配时下刀要准确。

【质量要求及烹调应用】

1. 质量要求：完整、鲜嫩、色泽明净。
2. 烹调应用：适用于炒、滚、扒等烹调方法。

【任务评价】

原料	加工成型名称	评价要求	配分/分	得分/分
芦笋	芦笋尖	1. 准备好加工所需的工用具	5	
		2. 工衣、围裙、工帽、工鞋洁净，穿着规范	10	
		3. 选料合理，清洗干净	15	
		4. 削去外层硬皮，运用直刀法取出嫩茎，操作方法正确、熟练	25	
		5. 成品为9～12厘米嫩茎，色泽翠绿、鲜嫩，起货成率符合要求	25	
		6. 操作符合卫生要求	10	
		7. 在规定时间内完成任务	10	
得分			100	

【任务作业】

完成实训报告。

任务❺ 竹笋知识与加工方法

【任务描述】

在中餐厨房剪菜岗位工作环境中，运用初加工与细加工的技法完成根茎类原料竹笋的刀工成型处理。

【学习目标】

1. 学会对根茎类原料竹笋进行品质鉴别。
2. 掌握竹笋的加工方法。
3. 懂得竹笋加工后在烹调中的应用。
4. 通过了解原料知识，养成勤俭节约、诚实守信的良好品德。

【任务准备】

1. 原料准备：竹笋250克。

竹笋（图2.30）是江南美食之材，过去曾有"居不可无竹，食不可无笋"之说。虽然所有竹都是由竹笋长成，但并不是所有竹笋都能食用。能作为蔬菜的竹笋，必须具备组织柔嫩、无苦味或其他恶味，或虽稍带苦味，经加工除苦后可以食用的条件。我国是世界上产竹最多的国家之一，共有22个属、200多个种，分布全国各地，以珠江和长江流域最多，秦岭以北雨量少、气温低，仅有少数矮小竹类生长。

图2.30 竹笋

2. 工用具准备：削皮刀1把，桑刀1把。

【任务实施】

1. 切去根部粗、老部分，剥去笋外壳，取出笋肉，用刀削去外皮，使其圆滑。
2. 可根据菜肴要求切成丁、丝、粒、片等。

【技术要领】

1. 要去净外壳和外皮。
2. 初加工后要用水滚至熟透，再漂水。

【质量要求及烹调应用】

1. 质量要求：去净老部位和外衣，以新鲜肉厚为佳，呈乳白色或淡黄色。
2. 烹调应用：适用于炒、烩、焖等烹调方法。

【任务评价】

原料	加工成型名称	评价要求	配分/分	得分/分
竹笋	竹笋肉	1. 准备好加工所需的工用具	5	
		2. 工衣、围裙、工帽、工鞋洁净，穿着规范	10	
		3. 选料合理，清理干净	15	
		4. 切去根部粗、老部分，剥去笋外壳，取出笋肉等操作方法正确、熟练，保管合理	25	
		5. 成品表面圆滑、鲜嫩，呈乳白色或淡黄色，起货成率符合要求	25	
		6. 操作符合卫生要求	10	
		7. 在规定时间内完成任务	10	
得分			100	

【任务作业】

完成实训报告。

学习笔记

任务 6　洋葱知识与加工方法

【任务描述】

在中餐厨房剪菜岗位工作环境中，运用初加工与细加工的技法完成根茎类原料洋葱的刀工成型处理。

【学习目标】

1. 学会对根茎类原料洋葱进行品质鉴别。
2. 掌握洋葱的加工方法。
3. 懂得洋葱加工后在烹调中的应用。
4. 培养学生爱岗敬业、吃苦耐劳的劳动精神。

【任务准备】

1. 原料准备：洋葱200克。

洋葱（图2.31），又名葱头、球葱、圆葱。鳞茎有扁平、圆球形或长椭圆形，皮色有红、黄、白三种。鳞片肥厚，生食辛辣、爽脆，熟食香甜、绵软。各地均有种植，可常年供应。

2. 工用具准备：砧板1块，桑刀1把。

图2.31　洋葱

【任务实施】

1. 切去头尾，剥去外衣。
2. 根据菜式需要可切改成件、丁、丝、粒等形状。

【技术要领】

1. 外衣要去净。
2. 切改时要注意安全。

【质量要求及烹调应用】

1. 质量要求：去除净根和老衣，保持完整。
2. 烹调应用：主要作为配料、料头使用。

【任务评价】

原料	加工成型名称	评价要求	配分/分	得分/分
洋葱	洋葱丝	1. 准备好加工所需的工用具	5	
		2. 工衣、围裙、工帽、工鞋洁净，穿着规范	10	
		3. 选料合理，择洗得当	15	
		4. 切去头尾，剥去外衣等操作方法正确、熟练	25	
		5. 成品保持完整，去除净根和老衣，起货成率符合要求	25	
		6. 操作符合卫生要求	10	
		7. 在规定时间内完成任务	10	
得分			100	

【任务作业】

完成实训报告。

任务 7 生姜知识与加工方法

【任务描述】

在中餐厨房剪菜岗位工作环境中，运用初加工与细加工的技法完成根茎类原料生姜的刀工成型处理。

【学习目标】

1. 学会对根茎类原料生姜进行品质鉴别。

2. 掌握生姜的加工方法。

3. 懂得生姜加工后在烹调中的应用。

4. 培训学生对新时代能工巧匠的匠艺追求，在教学中弘扬精益求精、实干争先的工匠精神。

【任务准备】

1. 原料准备：生姜75克。

姜（图2.32），又名生姜，根茎肥大，呈不规则块状，灰白或黄色，具有独特芳香辛辣味。在我国除高寒地区外均广为种植，以山东、浙江、广东为主要产区。按采收期不同可分为子姜和老姜。5—7月采收的为子姜，芽端呈紫红色，子姜脆嫩无渣，辣味较轻，适于炒、拌、泡；9—10月采收的为老姜，辣味重，纤维较粗，适于调味，去腥除异增香。生姜具有解毒杀菌的作用，生姜中的姜辣素进入体内能产生一种抗氧化酶。

图2.32 生姜

2. 工用具准备：水盆1个，削皮刀1把，桑刀1把。

【任务实施】

1. 刮去皮洗净。

2. 通常作料头使用，切成米、丝、片、块等形状。

3. 子姜片：用刀切成薄片。

【技术要领】

要刮净姜皮。

【质量要求及烹调应用】

1. 质量要求：完整，去皮干净。

2. 烹调应用：主要用作料头及半制成品。

【任务评价】

原料	加工成型名称	评价要求	配分/分	得分/分
生姜	净姜肉	1. 准备好加工所需的工用具	5	
		2. 工衣、围裙、工帽、工鞋洁净，穿着规范	10	
		3. 选料合理，清洗干净	15	
		4. 刮皮操作方法正确、熟练	25	
		5. 成品完整，去皮干净，起货成率符合要求	25	
		6. 操作符合卫生要求	10	
		7. 在规定时间内完成任务	10	
得分			100	

【任务作业】

1. 完成实训报告。

2. 子姜与老姜分别是什么时间采收？两者有何区别？

任务 8 白萝卜知识与加工方法

【任务描述】

在中餐厨房剪菜岗位工作环境中，运用初加工与细加工的技法完成根茎类原料白萝卜的刀工成型处理。

【学习目标】

1. 学会对根茎类原料白萝卜进行品质鉴别。
2. 掌握白萝卜的加工方法。
3. 懂得白萝卜加工后在烹调中的应用。
4. 培养学生养成垃圾分类的良好习惯，树立热爱劳动、以劳动为荣的意识。

【任务准备】

1. 原料准备：白萝卜500克。

萝卜（图2.33），又名莱菔，原产于我国，品种极多，具有多种药用价值。大小、颜色因品种不同而异，根肉质，味甜、微辣，稍带苦味，长圆形、球形或圆锥形。有皮绿肉绿的青萝卜、绿皮红心的北京心里美、红皮白肉的上海小红萝，以及品种最多、里外皆白的白萝卜。广东6—8月出产的耙齿萝卜呈长圆形，尾端尖，皮肉均为白色，个体小，肉质结实，纤维较多，味浓。其他品种以冬春季出产的品质佳。

图2.33 白萝卜

2. 工用具准备：水盆1个，削皮刀1把，桑刀1把。

【任务实施】

1. 刨去外皮，切头、尾。
2. 根据菜式需要可加工成斧头块、萝卜片、萝卜丝等。

【技术要领】

刨皮要干净。

【质量要求及烹调应用】

1. 质量要求：去净外皮且起货成率高，保持完整。
2. 烹调应用：适用于炒、焖、炖、煲等烹调方法。

【任务评价】

原料	加工成型名称	评价要求	配分/分	得分/分
白萝卜	净白萝卜	1. 准备好加工所需的工用具	5	
		2. 工衣、围裙、工帽、工鞋洁净，穿着规范	10	
		3. 选料合理，择洗得当	15	
		4. 运用刨刀熟练刨去外皮，切头、尾	25	
		5. 成品保持完整，去净外皮，起货成率符合要求	25	
		6. 操作符合卫生要求	10	
		7. 在规定时间内完成任务	10	
得分			100	

【任务作业】

1. 完成实训报告。
2. 耙齿萝卜的外形特征是什么？

任务 9　胡萝卜知识与加工方法

【任务描述】

在中餐厨房剪菜岗位工作环境中，运用初加工与细加工的技法完成根茎类原料胡萝卜的刀工成型处理。

【学习目标】

1. 学会对根茎类原料胡萝卜进行品质鉴别。
2. 掌握胡萝卜的加工方法。
3. 懂得胡萝卜加工后在烹调中的应用。
4. 培养学生浓厚的家国情怀，引导学生参加社会实践活动，激发学生强烈的社会责任感。

【任务准备】

1. 原料准备：胡萝卜250克。

胡萝卜（图2.34），以肉质根为食用部位，秋季大量上市。肉质根圆锥形或圆柱形，有紫红色、橘红色、黄色等，其中颜色深的含胡萝卜素最为丰富。胡萝卜可生吃，最好熟吃，因其所含胡萝卜素是脂溶性维生素，加油烹调有助于人体消化吸收。胡萝卜色泽鲜艳，是食品雕刻及菜肴点缀的良好材料。

2. 工用具准备：水盆1个，削皮刀1把，桑刀1把，砧板1块。

图2.34　胡萝卜

【任务实施】

1. 刨去外皮，切头、尾。
2. 根据菜式需要可加工成丁、丝、片等形状。

【技术要领】

刨皮要干净。

【质量要求及烹调应用】

1. 质量要求：去净外皮且起货成率高，保持完整。
2. 烹调应用：适用于炒、煲汤等烹调方法。

【任务评价】

原料	加工成型名称	评价要求	配分/分	得分/分
胡萝卜	净胡萝卜	1. 准备好加工所需的工用具	5	
		2. 工衣、围裙、工帽、工鞋洁净，穿着规范	10	
		3. 选料合理，择洗得当	15	
		4. 运用刨刀熟练刨去外皮，切头、尾	25	
		5. 成品保持完整，去净外皮，起货成率符合要求	25	
		6. 操作符合卫生要求	10	
		7. 在规定时间内完成任务	10	
得分			100	

【任务作业】

完成实训报告。

任务❿ 慈姑知识与加工方法

【任务描述】

在中餐厨房剪菜岗位、砧板岗位工作环境中，运用初加工与细加工的技法完成根茎类原料慈姑的刀工成型处理。

【学习目标】

1. 学会对根茎类原料慈姑进行品质鉴别。
2. 掌握慈姑的加工方法。
3. 懂得慈姑加工后在烹调中的应用。
4. 培养思想觉悟好、道德水准高、文明素养强的时代新人。

【任务准备】

1. 原料准备：慈姑150克。

慈姑（图2.35），又名茨菰、白地栗，以球茎为食用部位。种不多，有苏州的黄慈姑、圆慈姑，广州的白肉慈姑。慈姑纤维少，含淀粉丰富，但有苦涩味。冬春季上市，在广东有"泮塘五秀"之称。

2. 工用具准备：水盆1个，削皮刀1把，桑刀1把，砧板1块。

图2.35　慈姑

【任务实施】

1. 刮去外衣，洗净。
2. 慈姑块：将洗净慈姑用刀拍裂。
3. 慈姑片：用刀将其切成薄片。

【技术要领】

1. 外衣必须要刮净。
2. 要根据菜式要求加工，加工后要立即用水浸泡。

【质量要求及烹调应用】

1. 质量要求：去除姑蒂、外衣，保持完整。
2. 烹调应用：适用于炒、炆等烹调方法及制作馅料。

【任务评价】

原料	加工成型名称	评价要求	配分/分	得分/分
慈姑	慈姑块	1. 准备好加工所需的工用具	5	
		2. 工衣、围裙、工帽、工鞋洁净，穿着规范	10	
		3. 选料合理，清洗干净	15	
		4. 用刀刮去外衣等操作干净利落，保管合理	25	
		5. 成品要保持完整，去除姑蒂、外衣，起货成率符合要求	25	
		6. 操作符合卫生要求	10	
		7. 在规定时间内完成任务	10	
得分			100	

【任务作业】

完成实训报告。

任务⑪ 马蹄知识与加工方法

【任务描述】

在中餐厨房剪菜、砧板岗位工作环境中，运用初加工与细加工的技法完成根茎类原料马蹄的刀工成型处理。

【学习目标】

1. 学会对根茎类原料马蹄进行品质鉴别。
2. 掌握马蹄的加工方法。
3. 懂得马蹄加工后在烹调中的应用。
4. 培养学生吃苦耐劳精神和弘扬敬业、奉献的工匠精神。

【任务准备】

1. 原料准备：马蹄150克。

马蹄（图2.36），又名荸荠，按淀粉含量可分为水马蹄和红马蹄。水马蹄淀粉含量高，肉质粗，宜熟食或加工成马蹄粉。红马蹄水分含量高，淀粉含量少，肉甜嫩、少渣，宜生吃，如桂林马蹄。广州水马蹄有"泮塘五秀"之称，以前泮塘所产为优，冬春季为收获季节；既可做蔬菜也可做水果，生熟可食，可提取淀粉，称为马蹄粉。

图2.36 马蹄

2. 工用具准备：水盆1个，削皮刀1把，砧板1块。

【任务实施】

1. 切头尾，削净外皮。
2. 马蹄片：用刀切成薄片。
3. 马蹄丁：用刀切成丁状。

【技术要领】

1. 去外皮要干净。
2. 根据菜式要求加工，加工后必须用清水浸泡。

【质量要求及烹调应用】

1. 质量要求：去皮干净，保持完整，色泽洁白。
2. 烹调应用：适用于炒、煲汤等烹调方法及制作馅料。

【任务评价】

原料	加工成型名称	评价要求	配分/分	得分/分
马蹄	马蹄丁	1. 准备好加工所需的工用具	5	
		2. 工衣、围裙、工帽、工鞋洁净，穿着规范	10	
		3. 选料合理，清洗干净	15	
		4. 用刀切头尾、削净外皮等操作方法正确、熟练，保管合理	25	
		5. 成品保持完整，皮干净，色泽洁白，起货成率符合要求	25	
		6. 操作符合卫生要求	10	
		7. 在规定时间内完成任务	10	
得分			100	

【任务作业】

完成实训报告。

任务 ⑫ 芋头知识与加工方法

【任务描述】

在中餐厨房剪菜、砧板岗位工作环境中，运用初加工与细加工的技法完成根茎类原料芋头的刀工成型处理。

【学习目标】

1. 学会对根茎类原料芋头进行品质鉴别。
2. 掌握芋头的加工方法。
3. 懂得芋头加工后在烹调中的应用。
4. 培养学生爱岗敬业、吃苦耐劳的劳动精神，养成节约食材、物尽其用的良好习惯。

【任务准备】

1. 原料准备：芋头250克。

芋头（图2.37），品种较多，我国各地均有栽培，以南方较多。形状有圆形、椭圆形和长筒形。由于节上的腋芽能长出新的球茎，因此有母芋、子芋甚至孙芋之分。比较有名的品种有广西荔浦芋，台湾槟榔芋，广东炭步芋、槟榔芋等。以冬季所产品质为佳。

2. 工用具准备：水盆1个，削皮刀1把，桑刀1把，砧板1块。

图2.37 芋头

【任务实施】

1. 削去外皮，挖去芽眼。
2. 芋头块：用刀切成块状。
3. 芋头丝：用刀切成丝状（根据菜式要求有各种丝）。
4. 芋头件：用刀切改成件。
5. 芋头泥：蒸熟后制作成泥状。

【技术要领】

1. 刨皮要净，芽眼要挖净。
2. 按照烹调要求进行加工。

【质量要求及烹调应用】

1. 质量要求：去皮干净，保持完整且形格均匀，呈白色。

2. 烹调应用：适用于焖、蒸等烹调方法。

【任务评价】

原料	加工成型名称	评价要求	配分/分	得分/分
芋头	净芋头	1. 准备好加工所需的工用具	5	
		2. 工衣、围裙、工帽、工鞋洁净，穿着规范	10	
		3. 选料合理，清洗干净	15	
		4. 用刀切去头尾、削去外皮、挖出芽眼等操作方法正确、熟练，保管合理	25	
		5. 成品刨皮要净，芽眼要挖净，起货成率符合要求	25	
		6. 操作符合卫生要求	10	
		7. 在规定时间内完成任务	10	
得分			100	

【任务作业】

1. 完成实训报告。

2. 请写出五道用芋头为原料制作的菜肴名称。

任务⑬ 蒜头知识与加工方法

【任务描述】

在中餐厨房剪菜岗位工作环境中，运用初加工与细加工的技法完成根茎类原料蒜头的刀工成型处理。

【学习目标】

1. 学会对根茎类原料蒜头进行品质鉴别。
2. 掌握蒜头的加工方法。
3. 懂得蒜头加工后在烹调中的应用。
4. 培养学生脚踏实地、实干兴邦，弘扬新时代工匠精神。

【任务准备】

1. 原料准备：蒜头25克。

蒜头（图2.38）由单个或若干个蒜瓣组成，外为膜质蒜衣。按蒜衣的颜色，蒜头可分为白皮蒜和紫皮蒜。味辛辣，有刺激性气味，与葱、姜、辣椒合称为"调味四辣"，可作为配料或用于调味，还具有良好的药用价值。

2. 工用具准备：桑刀1把，砧板1块。

【任务实施】

1. 剥去外皮。
2. 主要用作料头，可加工成蒜蓉、蒜片、蒜子。

图2.38　蒜头

【技术要领】

剥外衣要干净，加工成型后保管好。

【质量要求及烹调应用】

1. 质量要求：去外衣干净，完整，不抽薹、香味浓郁。
2. 烹调应用：主要用作料头。

【任务评价】

原料	加工成型名称	评价要求	配分/分	得分/分
蒜头	蒜蓉	1. 准备好加工所需的工用具	5	
		2. 工衣、围裙、工帽、工鞋洁净,穿着规范	10	
		3. 选料合理	15	
		4. 用刀切去头尾、剥去外皮、剁蓉等操作方法正确、熟练	25	
		5. 成品要保持完整,外衣要去净,起货成率符合要求	25	
		6. 操作符合卫生要求	10	
		7. 在规定时间内完成任务	10	
得分			100	

【任务作业】

完成实训报告。

任务⓮ 青蒜知识与加工方法

【任务描述】

在中餐厨房剪菜岗位工作环境中，运用初加工与细加工的技法完成根茎类原料青蒜的刀工成型处理。

【学习目标】

1. 学会对根茎类原料青蒜进行品质鉴别。
2. 掌握青蒜的加工方法。
3. 懂得青蒜加工后在烹调中的应用。
4. 提高学生的专业技能，并养成精益求精的工作态度。

【任务准备】

1. 原料准备：青蒜75克。

青蒜（图2.39），又名蒜苗，是大蒜幼苗发育到一定时期的青苗，具有蒜的香辣味道，以其柔嫩的蒜叶和叶鞘供人食用。我国各地均有栽培，且产量高品质好。山东临沂等地大规模种植。

2. 工用具准备：水盆1个，桑刀1把。

图2.39 青蒜

【任务实施】

1. 切去头部，剥去老苗、烂苗，洗净。
2. 青蒜段：用刀从头部开始切，按长4厘米切至绿色苗部分。

【技术要领】

去清头部，清洗干净。

【质量要求及烹调应用】

1. 质量要求：鲜嫩，叶色鲜绿，不黄不烂、不枯萎。
2. 烹调应用：主要用作料头。

【任务评价】

原料	加工成型名称	评价要求	配分/分	得分/分
青蒜	青蒜段	1. 准备好加工所需的工用具	5	
		2. 工衣、围裙、工帽、工鞋洁净，穿着规范	10	
		3. 选料合理，择洗得当	15	
		4. 用刀去头部，再从头部开始切，按长4厘米切至绿色苗部分的操作干净利落	25	
		5. 成品长4厘米，长短均匀，鲜嫩，起货成率符合要求	25	
		6. 操作符合卫生要求	10	
		7. 在规定时间内完成任务	10	
得分			100	

【任务作业】

完成实训报告。

任务⑮ 菱角知识与加工方法

【任务描述】

在中餐厨房剪菜岗位工作环境中，运用初加工与细加工的技法完成根茎类原料菱角的刀工成型处理。

【学习目标】

1. 学会对根茎类原料菱角进行品质鉴别。
2. 掌握菱角去壳取肉的加工方法。
3. 懂得菱角加工后在烹调中的应用。
4. 培养学生创新思维，展示锐意创新的勇气、敢为人先的锐气和蓬勃向上的朝气。

【任务准备】

1. 原料准备：菱角100克。

菱角（图2.40），生长在湖泊中，叶片表面深亮绿色，光滑无毛，背面为绿色或紫红色；花小，白色；果实为弯牛角形，果壳坚硬；种子白色，呈元宝形。花期为7—10月，果期为9—10月。菱角原产于我国南方，在珠江三角洲及长江下游沿岸栽培较多，喜温暖、湿润、阳光充足的环境。

2. 工用具准备：水盆1个，桑刀1把。

图2.40 菱角

【任务实施】

去壳取肉，洗净。

【技术要领】

外壳要去净。

【质量要求及烹调应用】

1. 质量要求：完整，没有硬壳。
2. 烹调应用：适用于炆等烹调方法。

【任务评价】

原料	加工成型名称	评价要求	配分/分	得分/分
菱角	菱角肉	1. 准备好加工所需的工用具	5	
		2. 工衣、围裙、工帽、工鞋洁净，穿着规范	10	
		3. 选料合理，择洗得当	15	
		4. 用刀去壳取肉操作方法正确，干净利落	25	
		5. 成品完整，没有硬壳，起货成率符合要求	25	
		6. 操作符合卫生要求	10	
		7. 在规定时间内完成任务	10	
		得分	100	

【任务作业】

完成实训报告。

项目4 花类原料知识与加工技术

任务① 西兰花知识与加工方法

【任务描述】

在中餐厨房剪菜岗位工作环境中，运用初加工与细加工的技法完成花类原料西兰花的刀工成型处理。

【学习目标】

1. 学会对花菜类原料西兰花进行品质鉴别。
2. 掌握西兰花的加工方法。
3. 懂得西兰花加工后在烹调中的应用。
4. 培养学生节约食材、物尽其用的良好习惯。

【任务准备】

1. 原料准备：西兰花150克。

西兰花（图2.41），又名青花菜、绿花菜，花茎表面光滑，子叶呈倒心脏形，真叶为绿色倒卵形，表面有白粉，茎生叶通常较小，绿色；花为黄色，花序梗为肉质。原产于意大利，19世纪中叶传入我国南方，现世界各国均有栽培。

2. 工用具准备：水盆1个，桑刀1把，砧板1块。

图2.41 西兰花

【任务实施】

1. 冲洗、浸泡，洗净。
2. 切除花托，切成小朵。

【技术要领】

1. 按照烹饪要求进行初加工。
2. 把西兰花的外叶以及花托去掉。
3. 切成型要均匀。

【质量要求及烹调应用】

1. 质量要求：色泽青绿，大小均匀且完整。

2.烹调应用：适用于炒等烹调方法。

【任务评价】

原料	加工成型名称	评价要求	配分/分	得分/分
西兰花	西兰花小朵	1. 准备好加工所需的工用具	5	
		2. 工衣、围裙、工帽、工鞋洁净，穿着规范	10	
		3. 选料合理，清洗干净	15	
		4. 用刀切除花托，切成小朵操作方法正确，干净利落	25	
		5. 成品色泽青绿、大小均匀且完整，起货成率符合要求	25	
		6. 操作符合卫生要求	10	
		7. 在规定时间内完成任务	10	
得分			100	

【任务作业】

1.完成实训报告。

2.西兰花多应用于炒等烹调方法，加工时需要注意哪些?

任务 2 椰菜花知识与加工方法

【任务描述】

在中餐厨房剪菜岗位工作环境中，运用初加工与细加工的技法完成花类原料椰菜花的刀工成型处理。

【学习目标】

1. 学会对花菜类原料椰菜花进行品质鉴别。
2. 掌握椰菜花的加工方法。
3. 懂得椰菜花加工后在烹调中的应用。
4. 帮助学生养成良好的职业习惯和节约意识。

【任务准备】

1. 原料准备：椰菜花150克。

椰菜花（图2.42），又名花菜、花椰菜。绿色叶片包着白色花球，叶面表面稍皱、有白色蜡粉，幼嫩花枝和蕾发育成白色花球，花球近圆形，较紧密，肉质爽滑。椰菜化性凉，味甘，助消化，增食欲，生津止渴其性寒凉。上市供应期为10月至翌年3月。

2. 工用具准备：水盆1个，桑刀1把，砧板1块。

图2.42　椰菜花

【任务实施】

1. 冲洗、浸泡，洗净。
2. 切除花托，切成小块。

【技术要领】

1. 按照烹调要求进行初加工。
2. 把椰菜花的外叶及花托去掉，成型要均匀。

【质量要求及烹调应用】

1. 质量要求：色泽呈白色，大小均匀且完整。
2. 烹调应用：适用于炒等烹调方法。

【任务评价】

原料	加工成型名称	评价要求	配分/分	得分/分
椰菜花	椰菜花小件	1. 准备好加工所需的工用具	5	
		2. 工衣、围裙、工帽、工鞋洁净，穿着规范	10	
		3. 选料合理，清洗干净	15	
		4. 用刀切除花托，切成小朵操作方法正确，干净利落	25	
		5. 成品色泽呈白色，大小均匀且完整，起货成率符合要求	25	
		6. 操作符合卫生要求	10	
		7. 在规定时间内完成任务	10	
得分			100	

【任务作业】

完成实训报告。

任务3 菊花知识与加工方法

【任务描述】

在中餐厨房剪菜、砧板岗位工作环境中，运用初加工与细加工的技法完成花类原料菊花的刀工成型处理。

【学习目标】

1. 学会对花菜类原料菊花进行品质鉴别。

2. 掌握菊花的加工方法。

3. 懂得菊花加工后在烹调中的应用。

4. 培养学生爱岗敬业、吃苦耐劳的劳动精神和养成垃圾分类、节约食材、物尽其用的良好习惯。

【任务准备】

1. 原料准备：菊花1朵。

我国食用菊花（图2.43）以白菊为主，主要有"早白"和"大白"两种。"早白"花瓣舌状较薄，花色白中带微黄；"大白"花瓣舌状，卷曲重叠，形如蟹爪，花色白中带浅青。食用其花瓣，味香带微甜。主要产于我国广州，春夏繁殖，秋冬开花。

2. 工用具准备：水盆1个，剪刀1把。

图2.43　菊花

【任务实施】

1. 浸泡，洗净。

2. 剪去花蒂，摘取花瓣。

3. 浸泡备用。

【技术要领】

1. 按照烹饪要求进行初加工。

2. 将原朵菊花洗净，剪去花蒂，去除花瓣即可。

3. 漂洗时注意勿损坏原料。

【质量要求及烹调应用】

1. 质量要求：花瓣清晰、洁净。

2. 烹调应用：适用于撒在菜肴上或作为围拌。

【任务评价】

原料	加工成型名称	评价要求	配分/分	得分/分
菊花	菊花瓣	1. 准备好加工所需的工用具	5	
		2. 工衣、围裙、工帽、工鞋洁净，穿着规范	10	
		3. 选料合理，清洗干净	15	
		4. 剪去花蒂、取出花瓣等操作方法正确，干净利落，保管合理	25	
		5. 成品花瓣清晰、洁净，起货成率符合要求	25	
		6. 操作符合卫生要求	10	
		7. 在规定时间内完成任务	10	
得分			100	

【任务作业】

1. 完成实训报告。
2. 请写出两道用菊花围拌的菜肴名称。

任务❹ 夜香花知识与加工方法

【任务描述】

在中餐厨房剪菜、砧板岗位工作环境中，运用初加工与细加工的技法完成花类原料夜香花的刀工成型处理。

【学习目标】

1. 学会对花菜类原料夜香花进行品质鉴别。
2. 学会对夜香花进行初加工。
3. 懂得夜香花加工后在烹调中的应用。
4. 引导学生遵守国家的法律法规和餐饮行业的法律法规，强化职业操守和法治观念。

【任务准备】

1. 原料准备：夜香花25克。

夜香花（图2.44），又名夜来香，藤状灌木，小枝被柔毛，黄绿色，老枝灰褐色，渐无毛，略具有皮孔。叶膜质，卵状长圆形至宽卵形，叶脉上被微毛。蓇葖披针形，外果皮厚，无毛；种子宽卵形，顶端具白色绢质种毛。花期5—8月，极少结果。生长于山坡灌木丛中，原产于我国华南地区，现我国南方各省区均有栽培。

图2.44 夜香花

2. 工用具准备：水盆1个，剪刀1把。

【任务实施】

1. 浸泡，洗净。
2. 剪去花蒂。
3. 浸泡备用。

【技术要领】

1. 按照烹调要求进行初加工。
2. 将夜香花花蒂连花芯摘掉洗净即可，注意检查花瓣有无花蜘蛛，如有要洗干净。
3. 漂洗时注意勿损坏原料。

【质量要求及烹调应用】

1. 质量要求：新鲜、完整、洁净。

2. 烹调应用：适用于撒在菜肴上或作为围拌。

【任务评价】

原料	加工成型名称	评价要求	配分/分	得分/分
夜香花	原粒夜香花	1. 准备好加工所需的工用具	5	
		2. 工衣、围裙、工帽、工鞋洁净，穿着规范	10	
		3. 选料合理，浸洗干净	15	
		4. 用剪刀剪去花蒂操作方法正确，干净利落，保管合理	25	
		5. 成品要完整、新鲜、洁净，起货成率符合要求	25	
		6. 操作符合卫生要求	10	
		7. 在规定时间内完成任务	10	
得分			100	

【任务作业】

完成实训报告。

学习笔记

项目5 果菜类原料知识与加工技术

任务❶ 冬瓜知识与加工方法

【任务描述】

在中餐厨房剪菜、砧板岗位工作环境中，运用初加工与细加工的技法完成果菜类原料冬瓜的刀工成型处理。

【学习目标】

1. 学会对果菜类原料冬瓜进行品质鉴别。
2. 掌握冬瓜不同用途的加工方法。
3. 懂得冬瓜加工后在烹调中的应用。
4. 培养学生爱岗敬业、吃苦耐劳的劳动精神和养成垃圾分类、节约食材、物尽其用的良好习惯。

【任务准备】

1. 准备：冬瓜250克。

冬瓜（图2.45），状如枕，又名枕瓜。产于夏季，产量高，耐贮运，是夏秋的重要蔬菜品种之一，在调节蔬菜淡季中有重要作用。冬瓜有大果形和小果形之分，有粉皮种和青皮种之分。烹调中可单独烹制，也可做配料，还可作为食品雕刻原料，做成冬瓜盅。

2. 工用具准备：水盆1个，桑刀1把，砧板1块。

图2.45 冬瓜

【任务实施】

1. 瓜蓉：去皮和瓜瓤后制成。
2. 瓜粒：去皮和瓜瓤，切成丁。
3. 棋子瓜：去皮和瓜瓤，开条切成直径为3厘米的圆形条，再切成厚2厘米的棋子形（或梅花形，图2.46）。
4. 瓜盅：取蒂部长24厘米的一截，须直身，在刀口处修圆外沿，并将切口改成锯齿形，掏出瓜瓤（可在瓜身处雕出各种图案，图2.47）。
5. 瓜件：去皮和瓜瓤，将冬瓜修成圆角方形件，边长18～20厘米。
6. 瓜夹：去皮和瓜瓤，改成图案花形后切成双飞件。
7. 瓜脯：去皮和瓜瓤，改切成8厘米×12厘米的长方块，或改成图案花形，表面可剞出横竖浅槽。

8. 瓜块：连皮切成块状。

图2.46 棋子瓜

图2.47 瓜盅

【技术要领】

1. 按照烹调要求进行加工。
2. 选料要恰当。
3. 下刀要准确。

【质量要求及烹调应用】

1. 质量要求：瓜盅完整、形态美观。
2. 烹调应用：冬瓜适用于滚、煲、焖、炖等烹调方法。

【任务评价】

原料	加工成型名称	评价要求	配分/分	得分/分
冬瓜	棋子瓜	1. 准备好加工所需的工用具	5	
		2. 工衣、围裙、工帽、工鞋洁净，穿着规范	10	
		3. 选料合理，清洗干净	15	
		4. 去皮和瓜瓤，开条切成直径为3厘米圆形条，再切成厚2厘米的棋子形（或梅花形）等操作方法正确、熟练	25	
		5. 成品完整，形态美观，符合规格，起货成率符合要求	25	
		6. 操作符合卫生要求	10	
		7. 在规定时间内完成任务	10	
得分			100	

【任务作业】

1. 完成实训报告。
2. 请写出冬瓜加工成型的各种名称及用途。

【任务视频】

改冬瓜盅

改棋子瓜

任务 2 凉瓜知识与加工方法

【任务描述】

在中餐厨房剪菜、砧板岗位工作环境中，运用初加工与细加工的技法完成果菜类原料凉瓜的刀工成型处理。

【学习目标】

1.学会对果菜类原料凉瓜进行品质鉴别。

2.掌握凉瓜不同用途的加工方法。

3.懂得凉瓜加工后在烹调中的应用。

4.培养思想觉悟好、道德水准高、文明素养强的时代新人。

【任务准备】

1.原料准备：凉瓜1条（约200克）。

凉瓜（图2.48），又名苦瓜，原产于印度，宋元时期传入我国。苦瓜蔓细，多分蔓，叶浅绿，深裂如掌，瓜为瓠果，有短圆形、锥形（如雷公凿，色深绿，瘤状明显）和长条形，瓜皮上有瘤状突起，呈

图2.48 凉瓜

青绿或淡绿色，老熟时为橙黄色。现还有白苦瓜。苦瓜肉味甘苦，可用盐稍腌渍以减轻苦味。夏秋两季产量较高。苦瓜品种不多，广东现以新会杜远凉瓜及南海产的品质较好。苦瓜虽苦，苦中有甘，爽口不腻，夏日炎炎之际，食之驱暑清心。

2.工用具准备：水盆1个，桑刀1把，汤匙1只，砧板1块。

【任务实施】

1.冲洗干净（图2.49）。

2.瓜环：选用形瘦长条凉瓜，切除头尾，横切成段，厚2厘米（图2.50），最后挖去瓜瓤即可（图2.51、图2.52）。

3.瓜件（日字件）：切头尾，开边去瓜瓤，切成长4厘米、宽2厘米的日字形或菱形。

4.瓜片：切头尾，开边去瓜瓤，焯后切片（或去瓜瓤后再开边，斜刀切片）。

5.刨薄片：用瓜刨将凉瓜刨成薄片，刨至瓜瓤为止。

图2.49　洗净　　　　　　　　图2.50　改瓜环

图2.51　挖去瓜瓤　　　　　　图2.52　瓜环成品

【技术要领】

1. 根据菜肴质量要求合理选择原料。
2. 下刀要准确，刀口整齐。

【质量要求及烹调应用】

1. 质量要求：刀口整齐，大小一致，挖净瓜瓤。
2. 烹调应用：适用于炒、酿、炆、凉拌等烹调方法。

【任务评价】

原料	加工成型名称	评价要求	配分/分	得分/分
凉瓜	凉瓜件	1. 准备好加工所需的工用具	5	
		2. 工衣、围裙、工帽、工鞋洁净，穿着规范	10	
		3. 选料合理，清洗干净	15	
		4. 用刀切头尾，开边后片去瓜瓤，切成长4厘米、宽2厘米的日字形或菱形等操作方法正确，干净利落	25	
		5. 成品要去净瓜瓤、刀口整齐、大小一致，符合规格，起货成率符合要求	25	
		6. 操作符合卫生要求	10	
		7. 在规定时间内完成任务	10	
得分			100	

【任务作业】

1. 完成实训报告。

2. 凉瓜用于酿，应挑选什么外形的凉瓜？

3. 雷公凿是凉瓜的一个品种，其外形特征如何？

【任务视频】

改酿凉瓜件

任务③ 丝瓜知识与加工方法

【任务描述】

在中餐厨房剪菜、砧板岗位工作环境中，运用初加工与细加工的技法完成果菜类原料丝瓜的刀工成型处理。

【学习目标】

1. 学会对果菜类原料丝瓜进行品质鉴别。
2. 掌握丝瓜的加工方法。
3. 懂得丝瓜加工后在烹调中的应用。
4. 培养学生勤俭节约、诚实守信。

【任务准备】

1. 原料准备：丝瓜150克。

丝瓜（图2.53），又名吊瓜、天丝瓜、蛮瓜、绵瓜，长柱形，嫩果纤维细嫩、爽脆清甜。丝瓜可分为普通丝瓜和有棱丝瓜。普通丝瓜呈圆柱形，表皮粗糙，无棱，有纵向浅槽，我国大江南北均有栽培。有棱丝瓜呈圆柱形，有8～10条纵向棱，表皮硬，主要在我国华南地区栽培。

2. 工用具准备：水盆1个，削皮刀1把，桑刀1把，砧板1块。

图2.53　丝瓜

【任务实施】

1. 刨去瓜棱，切除头尾。
2. 丝瓜脯：先将丝瓜顺切四条，稍片去瓤，再切成长12厘米的条。
3. 丝瓜片：先将丝瓜顺切四条，稍片去瓤，然后切成菱块或用斜刀切成片，长约4厘米。
4. 丝瓜块：切成三角形（即瓜块）。

【技术要领】

1. 瓜棱要去净，保留部分瓜瓤。
2. 要结合烹调合理加工。

【质量要求及烹调应用】

1. 质量要求：去净瓜棱，刀口齐整、一致。
2. 烹调应用：适用于炒、滚等烹调方法。

【任务评价】

原料	加工成型名称	评价要求	配分/分	得分/分
丝瓜	丝瓜片	1. 准备好加工所需的工用具	5	
		2. 工衣、围裙、工帽、工鞋洁净，穿着规范	10	
		3. 选料合理，清洗干净	15	
		4. 刨去瓜棱、切除头尾，把丝瓜顺切四条，稍片去瓤，然后切成长4厘米的菱块或用斜刀切成片等操作方法正确，干净利落	25	
		5. 成品要求瓜棱要去净，保留部分瓜瓤，符合规格，起货成率符合要求	25	
		6. 操作符合卫生要求	10	
		7. 在规定时间内完成任务	10	
得分			100	

【任务作业】

完成实训报告。

任务 ④ 茄子知识与加工方法

【任务描述】

在中餐厨房剪菜、砧板岗位工作环境中，运用初加工与细加工的技法完成果菜类原料茄子的刀工成型处理。

【学习目标】

1. 学会对果菜类原料茄子进行品质鉴别。
2. 掌握茄子的加工方法。
3. 懂得茄子加工后在烹调中的应用。
4. 培养学生脚踏实地、实干兴邦，弘扬新时代工匠精神。

【任务准备】

1. 原料准备：茄子1条（约200克）。

茄子（图2.54），江浙人称其为六蔬，广东人称其为矮瓜。形状有圆形、卵形、长棒形等，皮色有紫黑、紫红、绿或白色。

2. 工用具准备：水盆1个，削皮刀1把，桑刀1把，砧板1块。

图2.54　茄子

【任务实施】

1. 茄子条：刨去瓜蒂，削去外皮，开四边，切成长6厘米的条形。
2. 茄子瓜夹：斜切成双飞件或横切成圆形件。
3. 茄子块：切成三角形。

【技术要领】

1. 加工后要用清水浸泡，防止变色。
2. 按烹调要求加工，要整齐、划一。

【质量要求及烹调应用】

1. 质量要求：整齐、一致，没有变色。
2. 烹调应用：适用于焖、酿等烹调方法。

【任务评价】

原料	加工成型名称	评价要求	配分/分	得分/分
茄子	茄子条	1. 准备好加工所需的工用具	5	
		2. 工衣、围裙、工帽、工鞋洁净,穿着规范	10	
		3. 选料合理,清洗干净	15	
		4. 切去瓜蒂,削去外皮,开四边,切成长6厘米的条形等操作方法正确,干净利落,保管合理	25	
		5. 成品要整齐一致,没有变色,起货成率符合要求	25	
		6. 操作符合卫生要求	10	
		7. 在规定时间内完成任务	10	
得分			100	

【任务作业】

1. 完成实训报告。
2. 茄子用于酿、炆菜肴时应加工成什么形状?

任务⑤ 辣椒知识与加工方法

【任务描述】

在中餐厨房剪菜、砧板岗位工作环境中，运用初加工与细加工的技法完成果菜类原料辣椒的刀工成型处理。

【学习目标】

1. 学会对果菜类原料辣椒进行品质鉴别。
2. 掌握辣椒不同用途的加工方法。
3. 懂得辣椒加工后在烹调中的应用。
4. 培养学生成为立大志、担大任、成大器、立大功的社会主义建设者和接班人。

【任务准备】

1. 原料准备：辣椒50克。

辣椒（图2.55），又名番椒、海椒、辣子、辣角、秦椒，果实通常呈圆锥形或长圆形，未成熟时呈绿色，成熟后变成鲜红色、黄色或紫色，以红色最为常见。辣椒的果实因果皮含有辣椒素而有辣味。原产于墨西哥，明朝末年传入我国。辣椒品种众多，主要有灯笼椒（圆椒、甜椒，有多种颜色，如红色、绿色、黄色、橙色、紫色等，肉质厚，不辣或微辣）、尖椒（呈细长角形，有红色及绿色，甚辣）、指天椒（果实小，有圆锥形、椭圆形，味辣）等。一年四季均产。烹调用途多，既可为菜，也可取味，还可制成辣椒干、辣椒粉、辣椒油、泡椒、各种辣椒酱等。

图2.55 辣椒

2. 工用具准备：水盆1个，桑刀1把，砧板1块。

【任务实施】

1. 椒件：去蒂、去籽，洗净，切成三角形。
2. 用于酿：整椒开边去籽，圆椒修成圆形。
3. 用于虎皮尖椒：切去蒂，去籽后原只使用。
4. 用于料头：切成椒件、椒丝、椒粒、椒米等。

【技术要领】

1. 辣椒要即洗即用，以免椒肉腐烂。
2. 要按照烹调要求进行加工。

【质量要求及烹调应用】

1. 质量要求：清洗洁净，形状整齐。
2. 烹调应用：适用于炒、酿等烹调方法或用作料头。

【任务评价】

原料	加工成型名称	评价要求	配分/分	得分/分
辣椒	辣椒件	1. 准备好加工所需的工用具	5	
		2. 工衣、围裙、工帽、工鞋洁净，穿着规范	10	
		3. 选料合理，清洗干净	15	
		4. 去蒂，去籽，用刀切成三角形等操作方法正确，干净利落	25	
		5. 成品要形状整齐，起货成率符合要求	25	
		6. 操作符合卫生要求	10	
		7. 在规定时间内完成任务	10	
得分			100	

【任务作业】

1. 完成实训报告。
2. 辣椒用于酿、炒菜肴时应如何加工？

任务 ❻　云南小瓜知识与加工方法

【任务描述】

在中餐厨房剪菜、砧板岗位工作环境中，运用初加工与细加工的技法完成果菜类原料云南小瓜的刀工成型处理。

【学习目标】

1. 学会对果菜类原料云南小瓜进行品质鉴别。
2. 掌握云南小瓜的加工方法。
3. 懂得云南小瓜加工后在烹调中的应用。
4. 培养学生坚持劳动创新创造和追求卓越的内在品质。

【任务准备】

1. 原料准备：云南小瓜150克。

云南小瓜（图2.56），又名茭瓜、白瓜、番瓜、美洲南瓜。原产于北美洲南部，今广泛栽培。以嫩果供食，果实多为长圆筒形，果面平滑，皮色墨绿、黄绿，果肉厚而多汁，味清香。

2. 工用具准备：水盆1个，桑刀1把，砧板1块。

图2.56　云南小瓜

【任务实施】

1. 将云南小瓜洗净，开边，去除部分瓜瓤。
2. 用于炒：可切成片、条形。

【技术要领】

1. 要去除瓜瓤。
2. 要按烹调要求加工，形状要均匀。

【质量要求及烹调应用】

1. 质量要求：洁净且形状均匀。
2. 烹调应用：适用于炒等烹调方法。

【任务评价】

原料	加工成型名称	评价要求	配分/分	得分/分
云南小瓜	瓜片	1. 准备好加工所需的工用具	5	
		2. 工衣、围裙、工帽、工鞋洁净，穿着规范	10	
		3. 选料合理，清洗干净	15	
		4. 开边，去瓜瓤，用斜刀切成片等操作方法正确，干净利落	25	
		5. 成品要形状整齐，起货成率符合要求	25	
		6. 操作符合卫生要求	10	
		7. 在规定时间内完成任务	10	
得分			100	

【任务作业】

完成实训报告。

任务 7　番茄知识与加工方法

【任务描述】

在中餐厨房剪菜、砧板岗位工作环境中，运用初加工与细加工的技法完成果菜类原料番茄的刀工成型处理。

【学习目标】

1. 学会对果菜类原料番茄进行品质鉴别。
2. 掌握番茄的加工方法。
3. 懂得番茄加工后在烹调中的应用。
4. 培养学生脚踏实地、实干兴邦，弘扬新时代工匠精神。

【任务准备】

1. 原料准备：番茄150克。

番茄（图2.57），又名西红柿、洋柿子、圣女果，为多汁浆果，品种繁多，大小差异较大，果形有圆形、扁圆形、椭圆形、樱桃形，色有粉红、橘红、人红及黄色之分。番茄是全世界栽培最为普遍的果菜之一。果实营养丰富，具特殊风味。可以生食、煮食、加工制成番茄酱、番茄汁或整果罐藏。

2. 工用具准备：水盆1个，桑刀1把，砧板1块。

图2.57　番茄

【任务实施】

1. 用于煮：去蒂，用开水烫后去皮，切成块。
2. 用于装饰：改成瓜盅形、花形等。

【技术要领】

1. 按照烹调要求进行初加工。
2. 用开水烫时要掌握好水温。

【质量要求及烹调应用】

1. 质量要求：去皮干净，保持完整。
2. 烹调应用：适用于滚、煲、煮等烹调方法。

【任务评价】

原料	加工成型名称	评价要求	配分/分	得分/分
番茄	番茄块	1. 准备好加工所需的工用具	5	
		2. 工衣、围裙、工帽、工鞋洁净，穿着规范	10	
		3. 选料合理，清洗干净	15	
		4. 去蒂，用开水烫后去皮，切成块状等操作方法正确，干净利落	25	
		5. 成品要求皮要去净，形状一致，起货成率符合要求	25	
		6. 操作符合卫生要求	10	
		7. 在规定时间内完成任务	10	
得分			100	

【任务作业】

完成实训报告。

任务❽ 节瓜知识与加工方法

【任务描述】

在中餐厨房剪菜、砧板岗位工作环境中，运用初加工与细加工的技法完成果菜类原料节瓜的刀工成型处理。

【学习目标】

1. 学会对果菜类原料节瓜进行品质鉴别。
2. 掌握节瓜的加工方法。
3. 懂得节瓜加工后在烹调中的应用。
4. 培养学生爱岗敬业、吃苦耐劳的劳动精神。

【任务准备】

1. 原料准备：节瓜1条（约250克）。

节瓜（图2.58），又名毛瓜、小冬瓜，原产于我国南部，是我国的特产蔬菜之一，在岭南各地栽培历史悠久，栽培面积较大。

2. 工用具准备：水盆1个，削皮刀1把，桑刀1把。

图2.58 节瓜

【任务实施】

1. 节瓜脯：刮去外皮（图2.59），切去头尾（图2.60），洗净（图2.61），对半切开（图2.62），在表面剁花刀便成瓜脯（图2.63）。

图2.59 刮去外皮　　　图2.60 切去头尾　　　图2.61 洗净

图2.62 对半切开　　　图2.63 瓜脯成品

2. 节瓜段：刮去外皮，切去头尾，洗净，横切成段。

3. 节瓜丝：刮去外皮，切去头尾，洗净，斜切大片，再切成丝。

4. 节瓜盅：刮去外皮，切去头尾，横切一截，掏出瓜瓤。

【技术要领】

1. 按照烹调要求进行初加工。

2. 下刀要准确，保持原料形态完整。

【质量要求及烹调应用】

1. 质量要求：去皮要干净，形态完整。

2. 烹调应用：适用于扒、炆、煲等烹调方法。

【任务评价】

原料	加工成型名称	评价要求	配分/分	得分/分
节瓜	节瓜脯	1. 准备好加工所需的工用具	5	
		2. 工衣、围裙、工帽、工鞋洁净，穿着规范	10	
		3. 选料合理，清洗干净	15	
		4. 刮去外皮，切去头尾，对半切开在表面剞花刀等操作方法正确、熟练	25	
		5. 成品要求去皮要干净，形态完整，起货成率符合要求	25	
		6. 操作符合卫生要求	10	
		7. 在规定时间内完成任务	10	
得分			100	

【任务作业】

1. 完成实训报告。

2. 节瓜用于煲汤、扒菜肴应如何加工？

【任务视频】

改瓜脯

任务⑨ 青瓜知识与加工方法

【任务描述】

在中餐厨房砧板岗位工作环境中，运用初加工与细加工的技法完成果菜类原料青瓜的刀工成型处理。

【学习目标】

1. 学会对果菜类原料青瓜进行品质鉴别。
2. 掌握青瓜的加工方法。
3. 懂得青瓜加工后在烹调中的应用。
4. 培养学生创新思维，展示学生锐意创新的勇气、敢为人先的锐气和蓬勃向上的朝气。

【任务准备】

1. 原料准备：青瓜150克。

青瓜（图2.64），又名黄瓜、刺瓜。黄瓜栽培历史悠久，种植广泛，是世界性蔬菜。茎细长，有纵棱，表面有黑色或白色的刺，皮色有深绿、浅绿等色。肉质脆嫩、汁多味甘、芳香可口。烹饪中生熟均可，可作主料、配料，并常用于冷菜拼摆、围边装饰及雕刻，还常作为酸渍、酱渍等原料。

图2.64 青瓜

2. 工用具准备：水盆1个，桑刀1把。

【任务实施】

1. 青瓜片：切去头尾，一开四，用刀片去瓤，斜刀切成片。
2. 青瓜条：切去头尾，原条拍裂，再切成段；或切头尾，开边去瓤，再切成条形。

【技术要领】

1. 瓜瓤要去除。
2. 下刀要准确、均匀。

【质量要求及烹调应用】

1. 质量要求：大小均匀，色泽青绿。
2. 烹调应用：适用于炒、凉拌等烹调方法。

【任务评价】

原料	加工成型名称	评价要求	配分/分	得分/分
青瓜	青瓜片	1. 准备好加工所需的工用具	5	
		2. 工衣、围裙、工帽、工鞋洁净，穿着规范	10	
		3. 选料合理，清洗干净	15	
		4. 用刀切去头尾，一开四，片去瓤，斜刀切成长4厘米片状等操作方法正确、熟练	25	
		5. 成品要求厚薄、大小均匀，起货成率符合要求	25	
		6. 操作符合卫生要求	10	
		7. 在规定时间内完成任务	10	
得分			100	

【任务作业】

完成实训报告。

任务⑩ 南瓜知识与加工方法

【任务描述】

在中餐厨房剪菜、砧板岗位工作环境中，运用初加工与细加工的技法完成果菜类原料南瓜的刀工成型处理。

【学习目标】

1. 学会对果菜类原料南瓜进行品质鉴别。
2. 掌握南瓜的加工方法。
3. 懂得南瓜加工后在烹调中的应用。
4. 培养学生浓厚的家国情怀，引导学生参加社会实践活动，激发学生强烈的社会责任感。

【任务准备】

1. 原料准备：南瓜1只。

南瓜（图2.65），茎常节部生根，叶柄粗壮，叶片宽卵形或卵圆形，质稍柔软，叶脉隆起，卷须稍粗壮，雌雄同株，果梗粗壮，有棱和槽，因品种而异，外面常有数条纵沟或无，种子多数呈长卵形或长圆形。

图2.65 南瓜

2. 工用具准备：水盆1个，削皮刀1把，桑刀1把。

【任务实施】

1. 南瓜块：刨皮去瓤，切成块状。
2. 南瓜盅：切去瓜蒂，掏出瓜瓤。

【技术要领】

1. 选料要恰当。
2. 按烹调要求加工。

【质量要求及烹调应用】

1. 质量要求：大小要均匀，色泽明净。
2. 烹调应用：适用于炆、蒸等烹调方法，也可制成蓉状。

【任务评价】

原料	加工成型名称	评价要求	配分/分	得分/分
南瓜	南瓜片	1. 准备好加工所需的工用具	5	
		2. 工衣、围裙、工帽、工鞋洁净，穿着规范	10	
		3. 选料合理，清洗干净	15	
		4. 刨皮去瓤，用刀切成块状等操作方法正确、熟练	25	
		5. 成品要求大小要均匀，色泽明净，起货成率符合要求	25	
		6. 操作符合卫生要求	10	
		7. 在规定时间内完成任务	10	
得分			100	

【任务作业】

完成实训报告。

项目6　食用菌类原料知识与加工技术

任务❶　草菇知识与加工方法

【任务描述】

在中餐厨房剪菜岗位工作环境中，运用初加工与细加工的技法完成食用菌类原料草菇的刀工成型处理。

【学习目标】

1. 学会对食用菌类原料草菇进行品质鉴别。
2. 掌握草菇的加工方法。
3. 懂得草菇加工后在烹调中的应用。
4. 培养学生爱岗敬业、吃苦耐劳的劳动精神。

【任务准备】

1. 原料准备：草菇50克。

草菇（图2.66），卵圆形，顶部黑褐色，底部灰白色。在菌盖未开前采收，鲜菇肉质爽滑鲜甜，以质嫩肉厚、清香无异味者为佳。夏秋季最多。经加工干制而成的干品称为陈菇（也称陈草菇），与干冬菇、干蘑菇合称"三菇"。草菇起源于广东韶关的南华寺，300年前我国已开始人工栽培，

图2.66　草菇

20世纪30年代由华侨传入世界各地，是一种重要的热带亚热带菇类，是世界上第三大栽培食用菌。我国草菇产量居世界之首，主要分布于华南地区。

2. 工用具准备：水盆1个，小刀（或桑刀）1把。

【任务实施】

原只：削去泥根（图6.67），洗净（图6.68），在根部切两刀呈十字，在菇伞上切一刀，深度均为0.5厘米（图6.69、图6.70）。

图2.67　削去泥根

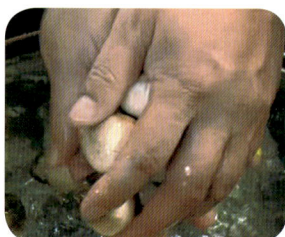

图2.68　洗净

图2.69　改刀

图2.70　加工好的草菇成品

【技术要领】

1. 要清除根部泥沙。
2. 下刀不宜太深，个头大的鲜菇即一开二。

【质量要求及烹调应用】

1. 质量要求：形态完整、大小均匀、刀口整齐。
2. 烹调应用：适用于炒、扒、焖等烹调方法。

【任务评价】

原料	加工成型名称	评价要求	配分/分	得分/分
草菇	净草菇	1. 准备好加工所需的工用具	5	
		2. 工衣、围裙、工帽、工鞋洁净，穿着规范	10	
		3. 选料合理，清洗干净	15	
		4. 用刀削去泥根，在根部切两刀呈十字，在菇伞上切一刀，深度均为 0.5 厘米等操作方法正确、熟练	25	
		5. 成品要求形态完整、大小均匀、刀口整齐，起货成率符合要求	25	
		6. 操作符合卫生要求	10	
		7. 在规定时间内完成任务	10	
得分			100	

【任务作业】

1. 完成实训报告。
2. 草菇加工时为何在根部切十字，在菇伞切一刀？

【任务视频】

改鲜草菇

任务 **2** 金针菇知识与加工方法

【任务描述】

在中餐厨房剪菜岗位工作环境中，运用初加工与细加工的技法完成食用菌类原料金针菇的刀工成型处理。

【学习目标】

1. 学会对食用菌类原料金针菇进行品质鉴别。

2. 掌握金针菇的加工方法。

3. 懂得金针菇加工后在烹调中的应用。

4. 在教学中弘扬精益求精、实干争先的工匠精神，培训学生对新时代能工巧匠的匠艺追求。

【任务准备】

1. 原料准备：金针菇75克。

金针菇（图2.71），子实体伞状，丛生于枯树桩或枝上，菌盖肉质，最初呈球形，后开展为扁平状，湿润时表面黏滑，干燥后稍具光泽，淡黄色或黄褐色，菌柄细长，味鲜甜，质地脆嫩黏滑，有特殊清香。

2. 工用具准备：水盆1个，桑刀1把，砧板1块。

图2.71　金针菇

【任务实施】

原条：切去根部，洗净。

【技术要领】

清洗干净。

【质量要求及烹调应用】

1. 质量要求：形态完整、刀口整齐。

2. 烹调应用：适用于炒、煮、扒等烹调方法。

【任务评价】

原料	加工成型名称	评价要求	配分/分	得分/分
金针菇	净金针菇	1. 准备好加工所需的工用具	5	
		2. 工衣、围裙、工帽、工鞋洁净，穿着规范	10	
		3. 选料合理，清洗干净	15	
		4. 用刀切去根部等操作方法正确，干净利落	25	
		5. 成品要求形态完整、刀口整齐，起货成率符合要求	25	
		6. 操作符合卫生要求	10	
		7. 在规定时间内完成任务	10	
得分			100	

【任务作业】

完成实训报告。

任务 3 香菇知识与加工方法

【任务描述】

在中餐厨房剪菜岗位工作环境中，运用初加工与细加工的技法完成食用菌类原料香菇的刀工成型处理。

【学习目标】

1. 学会对食用菌类原料香菇进行品质鉴别。
2. 掌握香菇的加工方法。
3. 懂得香菇加工后在烹调中的应用。
4. 培养学生成为立大志、担大任、成大器、立大功的社会主义建设者和接班人。

【任务准备】

1. 原料准备：香菇75克。

香菇（图2.72），又名香蕈，可分为花菇、厚菇、薄菇。子实体为伞状，菌盖半肉质，淡褐色或紫褐色，菌肉厚而致密、白色。香菇是世界第二大食用菌，也是我国特产之一，在民间素有"山珍"之称。味道鲜美，香气沁人，营养丰富，素有"植物皇后"之美誉。烹饪中鲜、干均可用，可作主配料。

图2.72 香菇

2. 工用具准备：水盆1个，桑刀1把。

【任务实施】

原只：削去泥沙、蒂，洗净。

【技术要领】

洗净泥沙。

【质量要求及烹调应用】

1. 质量要求：保持完整，干净。
2. 烹调应用：适用于焖、滚等烹调方法。

【任务评价】

原料	加工成型名称	评价要求	配分/分	得分/分
香菇	净香菇	1. 准备好加工所需的工用具	5	
		2. 工衣、围裙、工帽、工鞋洁净，穿着规范	10	
		3. 选料合理	15	
		4. 用刀削去菇蒂，洗净泥沙等操作方法正确、熟练	25	
		5. 成品要求切净蒂部、无泥沙，起货成率符合要求	25	
		6. 操作符合卫生要求	10	
		7. 在规定时间内完成任务	10	
得分			100	

【任务作业】

完成实训报告。

学习笔记

任务 ❹ 茶树菇知识与加工方法

【任务描述】

在中餐厨房剪菜岗位工作环境中，运用初加工与细加工的技法完成食用菌类原料茶树菇的刀工成型处理。

【学习目标】

1. 学会对食用菌类原料茶树菇进行品质鉴别。
2. 掌握茶树菇的加工方法。
3. 懂得茶树菇加工后在烹调中的应用。
4. 培养学生创新思维，展示锐意创新的勇气、敢为人先的锐气、蓬勃向上的朝气。

【任务准备】

1. 原料准备：茶树菇75克。

茶树菇（图2.73），又名茶薪菇，单生或丛生，菌盖褐色，菌肉白色，菌柄长，脆嫩。味道鲜美，菌盖细滑柄脆，气味清香，是集高蛋白、低脂肪、低糖分、保健食疗于一身的纯天然无公害保健食用菌。原为江西广昌境内高山密林地区茶树蔸部生长的一种野生菌，味纯清香，口感极佳，可烹制成各种美味佳肴，其营养价值超过香菇等其他食用菌，属高档食用菌类。

图2.73 茶树菇

2. 工用具准备：水盆1个，桑刀1把，砧板1块。

【任务实施】

1. 茶树菇段：切去菇根，切段，洗净。
2. 原条：切去蒂，洗净。

【技术要领】

下刀准确，清洗干净。

【质量要求及烹调应用】

1. 质量要求：形态完整，大小均匀，刀口整齐。
2. 烹调应用：适用于炒、焖等烹调方法。

【任务评价】

原料	加工成型名称	评价要求	配分/分	得分/分
茶树菇	茶树菇段	1. 准备好加工所需的工用具	5	
		2. 工衣、围裙、工帽、工鞋洁净，穿着规范	10	
		3. 选料合理	15	
		4. 用刀切去菇根，切段，洗净等操作方法正确、熟练	25	
		5. 成品要求形态完整、大小均匀、刀口整齐、无泥沙，起货成率符合要求	25	
		6. 操作符合卫生要求	10	
		7. 在规定时间内完成任务	10	
得分			100	

【任务作业】

1. 完成实训报告。
2. 茶树菇的加工方法是怎样的？

任务 ⑤　鸡腿菇知识与加工方法

【任务描述】

在中餐厨房剪菜、砧板岗位工作环境中，运用初加工与细加工的技法完成食用菌类原料鸡腿菇的刀工成型处理。

【学习目标】

1. 学会对食用菌类原料鸡腿菇进行品质鉴别。
2. 掌握鸡腿菇的加工方法。
3. 懂得鸡腿菇加工后在烹调中的应用。
4. 培养学生爱岗敬业、吃苦耐劳的劳动精神。

【任务准备】

1. 原料准备：鸡腿菇150克。

鸡腿菇（图2.74），又名鸡腿蘑，因其形如鸡腿，肉质肉味似鸡丝而得名，是近年来人工开发的具有商业潜力的珍稀菌品，被誉为"菌中新秀"。鸡腿菇营养丰富、味道鲜美，口感极好，具有很高的营养价值。菇体洁白，美观，肉质细腻。

2. 工用具准备：水盆1个，桑刀1把，砧板1块。

图2.74　鸡腿菇

【任务实施】

削去泥沙，洗净。
用于炒：切片、丝、丁。

【技术要领】

清洗干净，刀工要均匀。

【质量要求及烹调应用】

1. 质量要求：形态完整、大小均匀、整齐。
2. 烹调应用：适用于炒、炆等烹调方法。

【任务评价】

原料	加工成型名称	评价要求	配分/分	得分/分
鸡腿菇	净鸡腿菇	1. 准备好加工所需的工用具	5	
		2. 工衣、围裙、工帽、工鞋洁净，穿着规范	10	
		3. 选料合理	15	
		4. 削去表面的泥沙，洗净等操作方法正确、熟练	25	
		5. 成品要求形态完整、大小均匀、整齐，起货成率符合要求	25	
		6. 操作符合卫生要求	10	
		7. 在规定时间内完成任务	10	
得分			100	

【任务作业】

完成实训报告。

任务❻ 荔枝菌知识与加工方法

【任务描述】

在中餐厨房剪菜岗工作环境中，运用初加工与细加工的技法完成食用菌类原料荔枝菌的刀工成型处理。

【学习目标】

1. 学会对食用菌类原料荔枝菌进行品质鉴别。
2. 掌握荔枝菌的加工方法。
3. 懂得荔枝菌加工后在烹调中的应用。
4. 培养思想觉悟好、道德水准高、文明素养强的时代新人。

【任务准备】

1. 原料准备：荔枝菌100克。

荔枝菌（图2.75），素有岭南菌王之称。5月中旬至6月中旬荔枝成熟时节生长于荔枝林中。通常在午夜生长，略呈纺纱缍形状，长10～20厘米，菌尖似一把收紧的小雨伞，味道极其清鲜、爽口。

2. 工用具准备：水盆1个，刷子1把，桑刀1把，砧板1块。

图2.75　荔枝菌

【任务实施】

用于炒、蒸：切去菇根，用刷子刷洗干净。

【技术要领】

刷洗时要保持原料的完整并去除泥沙。

【质量要求及烹调应用】

1. 质量要求：保持原料完整，清洗干净。
2. 烹调应用：适用于蒸等烹调方法。

【任务评价】

原料	加工成型名称	评价要求	配分/分	得分/分
荔枝菌	原条	1. 准备好加工所需的工用具	5	
		2. 工衣、围裙、工帽、工鞋洁净，穿着规范	10	
		3. 选料合理	15	
		4. 用刷子将原料刷洗干净等操作方法正确、熟练	25	
		5. 成品要求保持原料完整，清洗干净，起货成率符合要求	25	
		6. 操作符合卫生要求	10	
		7. 在规定时间内完成任务	10	
得分			100	

【任务作业】

完成实训报告。

模块 3

禽类原料加工技术

项目1 鸡类原料加工技术

任务❶ 鸡起肉方法

【任务描述】

在中餐厨房砧板或水台岗位工作环境中，运用鸡起肉方法取料，以便于切配和烹调，符合食用要求。

【学习目标】

1. 学会对光鸡进行品质鉴别。
2. 掌握起鸡肉的方法。
3. 懂得加工后在烹调中的应用。
4. 培养学生传承精工至善、创新致远、实干争先的工匠精神。

【任务准备】

1. 原料准备：光鸡（图3.1）1只。

鸡按用途可分为蛋用型鸡、肉蛋兼用型鸡、肉用型鸡及药食兼用型鸡四大类。

蛋用型鸡以产蛋为主，以来航鸡为代表，还有仙居鸡等品种。

图3.1 光鸡

肉用型鸡肉多而质鲜嫩，品种有清远鸡、江西鸡、狼山鸡、惠阳鸡等。

肉蛋兼用型鸡肉质好，产蛋也较多，体质健壮，生长快。上海浦东鸡、辽宁大骨鸡、山东寿光鸡、河南固始鸡等属于此类。

药食兼用型鸡主要是指乌鸡，不但有食用价值，还具有明显的药用性能，广东人称其为竹丝鸡。

广东人按鸡的个别特征将其分为项鸡（将要下蛋的嫩母鸡）、阉鸡（也称骟鸡）和老母鸡。以本地产为主，由于品种不同，肉质、风味各异，适用的烹调方法也有所不同。

广东的肉用鸡以本地鸡为佳，其特征是毛幼而滑，黄麻色，颈短，眼细，翼短，脚矮而细，脚衣金黄色，冠小，尾大而垂，胸部和尾部特别饱满。俗称的麻鸡（三黄鸡）以清远鸡最为有名，产于清远的洲心、龙塘，还有产于番禺的禺北鸡品质也不错。

2. 工用具准备：砧板1块，桑刀1把。

【任务实施】

1. 清除未褪干净的鸡毛等；去除内脏、血污及污秽，清洗干净。

2. 先在鸡嗉窝前端横刀圈割颈皮，将颈皮拉离颈部至头部切断取出（图3.2）。

3. 然后在鸡背正中剖一刀至尾，在鸡胸正中剖一刀，将翼肩膊骨关节割离（图3.3）。

4. 手拉鸡翼向后，将鸡肉褪至大腿，再将大腿向上翻起，用刀割断腿部与身体的关节及筋络，再将鸡肉拉出，完全脱离鸡壳（图3.4）。

5. 在鸡腿部位沿着腿骨剖一刀，从鸡膝下刀将大腿骨与小腿骨割开（图3.5），将起出的鸡肉后斩下鸡翼（另用）并分别取出即可（图3.6）。

6. 整理洗涤干净即可（图3.7）。

图3.2 圈割颈皮

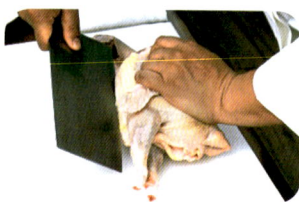

图3.3 鸡身剖刀

图3.4 鸡肉脱离鸡壳

图3.5 去腿骨

图3.6 斩下鸡翼

图3.7 起鸡肉成品

【技术要领】

1. 要熟悉鸡的生理组织结构，准确下刀。

2. 鸡胸正中下刀时，深度要够，把胸肉完整取出。

【质量要求及烹调应用】

1. 质量要求：鸡肉完整、鸡肉上无残留骨头。

2. 烹调应用：适用于炒、油泡等烹调方法。

【任务评价】

原料	加工成型名称	评价要求	配分/分	得分/分
光鸡	光鸡起肉	1. 准备好加工所需的工用具	5	
		2. 工衣、围裙、工帽、工鞋洁净，穿着规范	10	
		3. 选料合理，清洗干净	15	
		4. 熟悉原料肌肉结构，出骨时下刀准确、不损外皮等操作方法正确，干净利落	25	
		5. 成品要求鸡肉完整、不夹带碎骨，起货成率符合要求	25	
		6. 操作符合卫生要求	10	
		7. 在规定时间内完成任务	10	
得分			100	

【任务作业】

1. 完成实训报告。
2. 本地鸡有什么外形特征?

【任务视频】

起鸡翼

起鸡肉

任务 ❷ 鸡分档取料

【任务描述】

在中餐厨房砧板岗位工作环境中，运用分档取料方法取料，以便于切配和烹调，符合食用要求。

【学习目标】

1. 了解分档取料的意义和作用。
2. 掌握鸡分档取料的方法技巧。
3. 掌握分档取料的关键。
4. 培养学生创新思维，展示锐意创新的勇气、敢为人先的锐气和蓬勃向上的朝气。

【分档取料的意义】

分档取料就是按肌肉组织的不同部位、不同性质正确地进行分档取料，以方便使用各种不同的烹调方法和菜式要求，做到物尽其用。分档取料是将已经宰杀好的整只家畜、家禽根据其肌肉、骨骼等组织的不同部位进行分档。分档取料是切配工作中的一个重要环节，直接影响菜肴的质量。

【分档取料的作用】

1. 保证菜肴的质量，突出菜肴的特点。由于家畜各部位肉的质量不同，而烹调方法对原料的要求也是多种多样的，因此选择原料时必须选用不同部位，以适应烹制不同菜肴的需要，只有这样才能保证菜肴的质量，突出菜肴的特点。
2. 保证原料的合理使用，做到物尽其用。根据原料不同部位的不同特点和烹制菜肴的多种多样的要求分档取料，选用相应部位的原料，不仅能使菜肴具有多样化风味和特色，而且能合理地使用原料，达到物尽其用。

【分档取料的关键】

1. 熟悉原料的各个部位，准确下刀是分档取料的关键。例如，从家禽、家畜的肌肉之间的隔膜处下刀，就可以把原料不同部位的界限基本分清，这样才能保证所用部位原料的质量。
2. 必须掌握分档取料的先后顺序。取料如不按照一定的先后顺序，就会破坏各个部位肌肉的完整，从而影响所取用的原料的质量，同时造成原料的浪费。

【光鸡分档取料的应用】

1. 鸡头：用于煲汤。
2. 鸡颈：用于煲汤。

3. 鸡背：用于煲汤。

4. 鸡胸肉：用于拉丝、切片。

5. 鸡翼：用于油泡、炒、炸等。

6. 大腿肉：用于切片、丁。

7. 鸡小腿肉：用于切丁。

【任务作业】

1. 简述分档取料的作用和关键。

2. 光鸡分档取料的应用是怎样的？

学习笔记

项目2 鸭类原料加工技术

任务① 光鸭整料脱骨方法

【任务描述】

在中餐厨房砧板岗位工作环境中，运用整料脱骨方法取料，以便于烹调菜品，符合食用要求。

【学习目标】

1. 了解整料脱骨的作用。
2. 掌握光鸭整料脱骨的方法。
3. 懂得光鸭整料脱骨后的烹调应用。
4. 传承精工至善、创新致远、实干争先的工匠精神。

【任务准备】

1. 原料准备：光鸭（图3.8）1只（不剖腹取内脏）。

家鸭是由野生绿头鸭和斑嘴鸭驯化而来的。我国是世界上最早驯养家鸭的国家之一，家鸭的良种大概有200种，按用途不同可分为三类：肉用型鸭（北京鸭、番鸭等）、蛋用型鸭（福建金定鸭等）、肉蛋兼用型鸭（江苏高邮麻鸭等）。广东常用的品种有番鸭、本地鸭等。

（1）番鸭原产于中美洲，是世界上著名的肉用鸭品种，喙及眼的周围长有红色或黑色的皮瘤，头大，颈粗

图3.8 光鸭（不剖腹取内脏）

短，毛色多为黑色和白色。其中，以海南琼海所产的嘉积鸭肉质肥美嫩，品质最佳。

（2）本地鸭为广州一带、珠江三角洲地区所产，以番禺万顷沙产的为佳，其毛为麻色，颈短，头细，脚短、带赭色，胸肉厚，骨细肉多，肉质鲜美。毛鸭喉管软翼处有天蓝色光泽的为嫩；体重、嘴上花斑多、喉管硬、胸部底骨发硬、毛色暗的为老。鸭的尾部软滑丰满、手触感觉不到骨的为肥，反之则为瘦。

2. 工用具准备：砧板1块，桑刀1把。

【任务实施】

1. 原只未开肚的光鸭洗净，先用刀在鸭颈背直划一刀约5厘米长，剥开颈皮，将颈骨从刀口处褪出，在近鸭头处将颈骨切断（皮不要切断，图3.9），再将鸭皮往下褪，使整条颈骨露出，连鸭的嗉窝也随之显露出来。

2. 用刀将鸭翼上端与肩胛连接的筋络割断（鸭的两侧一样，图3.10），再用斜刀将颈喉骨（锁喉骨）与胸肉连接处割离。

3. 将鸭仰放在砧板上，鸭胸向上，左手按牢鸭腋部分，右手将鸭胸肉挖离胸骨，到胸骨下端即止，接着将胸两旁的肉挖离肋骨（图3.11）。

4. 切离背部根膜，顺脱至大腿上关节骨（图3.12），将左右腿翻向上，先用刀割开腰部的核桃肉，割断大腿与身体相联的筋络，再用刀背在皮肉与下脊骨的连接处轻轻敲离，边敲边退，至鸭尾骨即止，将尾骨切断，使鸭骨壳与皮肉完全分离（图3.13）。

5. 在鸭翼骨的顶端用刀圈割，然后用力顶出翼骨，斩断（两边的翼骨脱骨相同）。将腿骨膝关节处割开，先起出大腿骨，然后用起翼骨的相同方法起出小腿骨（两侧腿骨起法相同，图3.14）。

6. 将鸭从颈背刀上覆转好，起出鸭尾骚（图3.15），将鸭的第二节翼斩去（全鸡、全鸽则留全翼，仅斩去翼尖），斩嘴留舌（图3.16）。

图3.9　斩颈骨

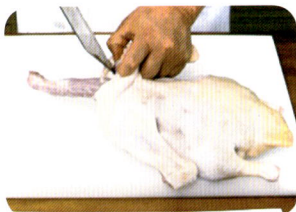

图3.10　割断关节筋络

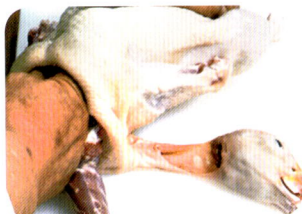

图3.11　挖离鸭胸肉

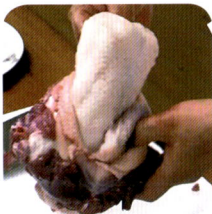

图3.12　鸭肉褪至腿关节

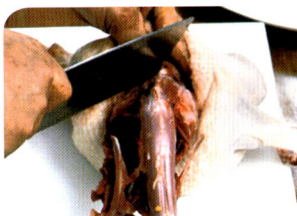

图3.13　割断核桃肉

图3.14　起腿骨、翼骨

图3.15　去鸭尾骚

图3.16　全鸭成品

【技术要领】

1. 划开颈皮时不要超过翼膊，避免开口过大。
2. 割断鸭肩胛连接的筋络时，注意下刀位置，避免割破鸭皮。
3. 挖鸭胸肉时注意手法，不要将鸭胸挖烂。
4. 脱骨时注意割断筋膜，不可使用蛮力褪骨，避免鸭皮、鸭肉破损。
5. 起肉要干净利索，保持鸭肉完整。

【质量要求及烹调应用】

1. 质量要求：不穿孔，刀口不超过翼膊，肉质平整且不留存残骨。
2. 烹调应用：适用于炖汤、扒等烹调方法。

【任务评价】

原料	加工成型名称	评价要求	配分/分	得分/分
光鸭（不剖腹取内脏）	起全鸭	1. 准备好加工所需的工用具	5	
		2. 工衣、围裙、工帽、工鞋洁净，穿着规范	10	
		3. 选料合理，清洗干净	15	
		4. 熟悉原料肌肉结构，划破颈皮、斩断颈骨，出翅膀骨，出躯干骨，出腿骨等操作方法正确，干净利落	25	
		5. 符合要求不穿孔，刀口不超过翼膊，肉质平整且不夹带碎骨	25	
		6. 操作符合卫生要求	10	
		7. 在规定时间内完成任务	10	
得分			100	

【任务作业】

1. 完成实训报告。
2. 光鸭整料脱骨时要注意哪些环节？

【任务视频】

起全鸭

模块4

畜类原料加工技术

项目1 猪肉类原料加工技术

任务① 排骨加工方法

【任务描述】

在中餐厨房水台岗位工作环境中，运用斩排骨方法取料，以符合食用的要求。

【学习目标】

1. 掌握斩排骨的方法。
2. 懂得排骨加工后在烹调中的应用。
3. 增强学生为人民服务的意识，学会创新发展。

【任务准备】

1. 原料准备：排骨500克。

排骨（图4.1）是指猪腹腔靠近肚腩部分的排骨，它的上边是肋排和子排。小排的肉质比较厚，并带有白色软骨。

2. 工用具准备：砧板1块，骨刀1把。

图4.1 排骨

【任务实施】

1. 斩骨件：用骨刀将排骨斩成2厘米方形（图4.2、图4.3）。
2. 斩骨排：用骨刀将排骨斩成长6厘米、宽2厘米的形状（图4.4）。

图4.2 斩骨件

图4.3 骨件成品

图4.4 骨排成品

【技术要领】

1. 先开条，再斩件。
2. 斩排骨时用斩骨刀后1/3处斩，达到一刀斩断的目的。
3. 斩骨时手要将刀抓紧，举刀不宜太高，一般不超过操作者头部。

【质量要求及烹调应用】

1. 质量要求：刀口齐整、无碎骨，规格正确。

2. 烹调应用：骨件用于蒸、炸、焗等烹调方法，骨排用于炸等烹调方法。

【任务评价】

原料	加工成型名称	评价要求	配分/分	得分/分
排骨	斩排骨件	1. 准备好加工所需的工用具	5	
		2. 工衣、围裙、工帽、工鞋洁净，穿着规范	10	
		3. 选料合理，清洗干净	15	
		4. 抓刀正确，下刀准确，两手配合恰当等操作方法正确，干净利落	25	
		5. 成品要求刀口齐整，规格正确（骨件为2厘米方形、骨排长6厘米），起货成率符合要求	25	
		6. 操作符合卫生要求	10	
		7. 在规定时间内完成任务	10	
得分			100	

【任务作业】

完成实训报告。

【任务视频】

斩排骨

学习笔记

任务 2　猪肚加工方法

【任务描述】

在中餐厨房水台岗位工作环境中，运用清洗猪肚的加工方法，以便于切配和烹调，符合食用要求。

【学习目标】

1. 学会对猪肚进行品质鉴别。
2. 掌握清洗猪肚的加工方法。
3. 懂得原料加工后的应用。
4. 培养学生脚踏实地、实干兴邦，弘扬新时代工匠精神。

【任务准备】

1. 原料准备：猪肚1个。

猪肚（图4.5）是指猪的胃，有一股异味，需要进行加工后才能使用。

2. 工用具准备：水盆1个，小刀1把。

图4.5　猪肚

【任务实施】

1. 将猪肚里外翻转（图4.6），用小刀刮净肚苔和肥油（图4.7）。
2. 加入生粉将猪肚里外反复搓洗（图4.8），再用清水洗净（图4.9、图4.10）。

图4.6　翻转猪肚

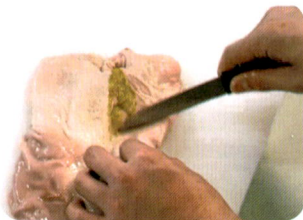

图4.7　刮净肚苔

图4.8　加入生粉搓洗

图4.9　冲洗

图4.10　洗净的猪肚成品

【技术要领】

1. 将肚苔和肥油刮净，减少异味。
2. 用生粉洗可以去除猪肚上附着的潺液。

【质量要求及烹调应用】

1. 质量要求：无肚苔、肥油、潺液，无异味。
2. 烹调应用：适用于炒、煲、卤等烹调方法。

【任务评价】

原料	加工成型名称	评价要求	配分/分	得分/分
猪肚	洗猪肚	1. 准备好加工所需的工用具	5	
		2. 工衣、围裙、工帽、工鞋洁净，穿着规范	10	
		3. 选料合理	15	
		4. 翻转猪肚，刮去肚苔和肥油，加生粉搓洗等操作方法正确、熟练	25	
		5. 成品要求无肚苔、肥油、潺液，无异味	25	
		6. 操作符合卫生要求	10	
		7. 在规定时间内完成任务	10	
得分			100	

【任务作业】

1. 完成实训报告。
2. 洗猪肚时应注意哪些环节？

【任务视频】

洗猪肚

学习笔记

任务❸ 猪肠加工方法

【任务描述】

在中餐厨房水台岗位工作环境中，运用清洗猪肠的加工方法，以便于切配和烹调，符合食用要求。

【学习目标】

1. 学会对猪肠进行品质鉴别。
2. 掌握清洗猪肠的加工方法。
3. 懂得猪肠加工后在烹调中的应用。
4. 培养学生精工至善、创新致远、实干争先的工匠精神。

【任务准备】

1. 原料准备：猪肠1副。

猪肠（图4.11）用于输送和消化食物，有很强的韧性，不像猪肚那样厚，还有适量的脂肪。根据猪肠的功能可分为大肠、小肠和肠头，它们的脂肪含量不同，小肠最瘦，肠头最肥。

2. 工用具准备：砧板1块，筷子1双。

图4.11 猪肠

【任务实施】

1. 猪肠外表面先加入生粉和盐搓洗。
2. 用筷子将猪肠里外翻转，用小刀刮去肥油和污物。
2. 猪肠里面加入生粉和盐搓洗，搓洗至无潺液和异味。
3. 再用筷子将猪肠里外翻转，用清水洗净即可。

【技术要领】

1. 猪肠需反复加盐和生粉搓洗至无潺液和异味。
2. 肥油是否需要刮净，视菜肴所需处理。

【质量要求及烹调应用】

1. 质量要求：猪肠无潺液和污物，无明显异味。
2. 烹调应用：适用于炒、炸、卤等烹调方法。

【任务评价】

原料	加工成型名称	评价要求	配分/分	得分/分
猪肠	洗猪肠	1. 准备好加工所需的工用具	5	
		2. 工衣、围裙、工帽、工鞋洁净，穿着规范	10	
		3. 选料合理	15	
		4. 加入生粉和盐搓洗，去肥油和污物等操作方法正确、熟练	25	
		5. 成品要求无潺液和污物，无明显异味	25	
		6. 操作符合卫生要求	10	
		7. 在规定时间内完成任务	10	
得分			100	

【任务作业】

完成实训报告。

任务❹　猪肺加工方法

【任务描述】

在中餐厨房水台岗位工作环境中，运用灌洗猪肺的加工方法，以便于切配和烹调，符合食用要求。

【学习目标】

1. 学会对猪肺进行品质鉴别。
2. 掌握灌洗猪肺的加工方法。
3. 懂得原料加工后在烹调中的应用。
4. 培养学生爱岗敬业、吃苦耐劳的劳动精神。

【任务准备】

1. 原料准备：猪肺1个。
猪肺（图4.12），色红白，是猪的呼吸器官。
2. 工用具准备：水盆1个。

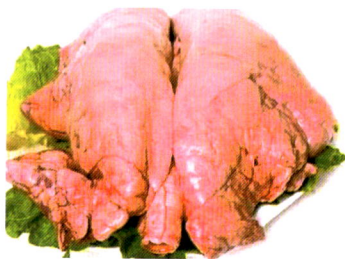

图4.12　猪肺

【任务实施】

1. 将猪肺的硬喉连接在水管上，将清水灌入猪肺内，使肺叶扩张（图4.13）。
2. 胀满后用手按压猪肺，将注入水连同血污、泡沫挤出（图4.14）。
3. 按此方法连续4~5次，直至猪肺转白色洁净即可（图4.15、图4.16）。

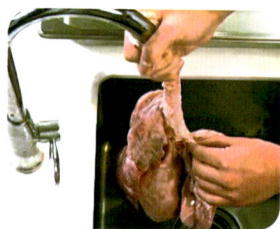

图4.13　灌水

图4.14　挤出水分

图4.15　反复灌洗

图4.16　洗净的猪肺成品

【学习笔记】

【技术要领】

1. 灌水时尽可能灌至原料最大化扩张。
2. 猪肺需要反复灌洗至洁白为止。

【质量要求及烹调应用】

1. 质量要求：色泽明净、无血污。
2. 烹调应用：适用于煲、炖等烹调方法。

【任务评价】

原料	加工成型名称	评价要求	配分/分	得分/分
猪肺1个	洗猪肺	1. 准备好加工所需的工用具	5	
		2. 工衣、围裙、工帽、工鞋洁净，穿着规范	10	
		3. 选料合理	15	
		4. 能正确熟练运用灌洗方法将猪肚清洗净	25	
		5. 成品要求洁白、无血污	25	
		6. 操作符合卫生要求	10	
		7. 在规定时间内完成任务	10	
得分			100	

【任务作业】

1. 完成实训报告。
2. 猪肺的加工步骤是怎样的？

【任务视频】

洗猪肺

任务 5 猪手加工方法

【任务描述】

在中餐厨房水台岗位工作环境中，运用猪手加工方法，以便于切配和烹调，符合食用要求。

【学习目标】

1. 学会对猪手进行品质鉴别。
2. 掌握猪手的加工方法。
3. 懂得猪手加工后在烹调中的应用。
4. 培养学生传承精工至善、创新致远、实干争先的工匠精神。

【任务准备】

1. 原料准备：猪手1个。

猪手（图4.17）即猪蹄，可分为前蹄和后蹄，前蹄肉多骨少，呈直形，后蹄肉少骨稍多，呈弯形。

2. 工用具准备：火枪1把，水盆1个，砧板1块，骨刀1把。

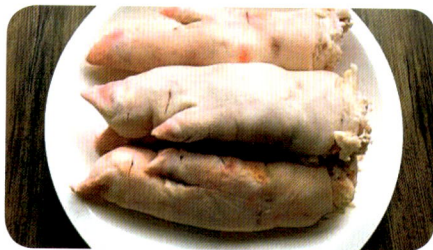

图4.17 猪手

【任务实施】

1. 用火将猪手表面的毛烧净。
2. 将猪手放入清水中泡软，用骨刀将猪手表面的污物刮净。
3. 用骨刀将猪手开边。

【技术要领】

1. 猪手上的毛比较多，用火烧可以将猪毛清理干净。
2. 猪手后续加工需要根据需要选择加工方法。

【质量要求及烹调应用】

1. 质量要求：猪手洁净、无残留猪毛，大小要均匀。
2. 烹调应用：适用于焖、煲等烹调方法。

【任务评价】

原料	加工成型名称	评价要求	配分/分	得分/分
猪手	斩猪手	1. 准备好加工所需的工用具	5	
		2. 工衣、围裙、工帽、工鞋洁净，穿着规范	10	
		3. 选料合理	15	
		4. 去除猪手表面的毛，抓刀正确，下刀准确，两手配合恰当等操作方法正确，干净利落	25	
		5. 成品要求洁净、无残留猪毛，刀口整齐、大小要均匀	25	
		6. 操作符合卫生要求	10	
		7. 在规定时间内完成任务	10	
得分			100	

【任务作业】

1. 完成实训报告。
2. 如何区分猪前蹄和后蹄？

项目2 牛肉类原料加工技术

任务❶ 牛霖肉加工方法

【任务描述】

在中餐厨房砧板岗位工作环境中，运用牛霖肉加工方法，以便于切配和烹调，符合食用要求。

【学习目标】

1. 学会对牛霖肉进行品质鉴别。
2. 掌握牛霖肉的加工方法。
3. 懂得牛霖肉加工后在烹调中的应用。
4. 培养学生吃苦耐劳的精神和坚强的毅力。

【任务准备】

1. 原料准备：牛霖肉1块。

牛霖肉（图4.18）是牛的膝盖与屁股相连的位置，因其形状呈圆形，故被厨师们称为"和尚头"。肉质细嫩，适合制作炒的菜肴。

2. 工用具准备：桑刀1把，砧板1块。

图4.18 牛霖肉

【任务实施】

1. 将牛霖肉放置在砧板上，用刀将边角的肥油去掉。
2. 同时将牛霖肉的筋膜去净。

【技术要领】

1. 用正确刀法去除肥油，保持牛霖肉完整。
2. 去牛霖肉筋膜时要紧贴筋膜，增加利用率。

【质量要求及烹调应用】

1. 质量要求：牛霖肉完整、损耗少。
2. 烹调应用：适用于炒、油泡等烹调方法。

【任务评价】

原料	加工成型名称	评价要求	配分/分	得分/分
牛霖肉	牛霖肉加工	1. 准备好加工所需的工用具	5	
		2. 工衣、围裙、工帽、工鞋洁净，穿着规范	10	
		3. 选料合理，清洗干净	15	
		4. 熟练运用刀法去除原料筋膜、肥油	25	
		5. 成品要求表面平整、损耗小	25	
		6. 操作符合卫生要求	10	
		7. 在规定时间内完成任务	10	
得分			100	

【任务作业】

1. 完成实训报告。
2. 牛霖肉有什么特点?

任务 2 牛柳加工方法

【任务描述】

在中餐厨房砧板岗位工作环境中，运用牛柳加工方法，以便于切配和烹调，符合食用要求。

【学习目标】

1. 学会对牛柳进行品质鉴别。
2. 掌握牛柳的加工方法。
3. 懂得牛柳加工后在烹调中的应用。
4. 在教学中弘扬精益求精、实干争先的工匠精神，培养学生对新时代能工巧匠的匠艺追求。

【任务准备】

1. 原料准备：牛柳1条。

牛柳（图4.19）是牛的里脊肉，是整只牛中最嫩的部位，肉纹幼而滑，肉味香而鲜，片、拉丝皆宜，适合制作较好的菜肴。

2. 工用具准备：砧板1块，桑刀1把。

图4.19　牛柳

【任务实施】

1. 将牛柳放置在砧板上，用刀将边角的肥油去掉。
2. 同时将牛柳底部的一条整筋去掉。

【技术要领】

1. 去肥油时应运用正确刀法，保持牛柳完整。
2. 去牛柳筋膜时要紧贴筋膜，增加利用率。

【质量要求及烹调应用】

1. 质量要求：牛柳完整、损耗小。
2. 烹调应用：适用于炒、煎等烹调方法。

【任务评价】

原料	加工成型名称	评价要求	配分/分	得分/分
牛柳	牛柳加工	1. 准备好加工所需的工用具	5	
		2. 工衣、围裙、工帽、工鞋洁净，穿着规范	10	
		3. 选料合理，清洗干净	15	
		4. 熟练运用刀法去除原料筋膜，操作熟练	25	
		5. 成品要求表面平整、损耗小	25	
		6. 操作符合卫生要求	10	
		7. 在规定时间内完成任务	10	
得分			100	

【任务作业】

1. 完成实训报告。
2. 牛柳有什么特点？

学习笔记

水产类原料加工技术

项目1 水产类原料的认识及加工方法

任务① 水产品初步加工原则与方法

【任务描述】

在中餐厨房水台岗位工作环境中，通过学习水产品初步加工的原则和方法，以便于加工水产品，使水产品符合食用要求。

【学习目标】

1. 熟记水产品的初步加工原则。
2. 掌握水产品加工步骤。
3. 熟悉宰杀水产品取内脏的三种方法。
4. 培养学生创新思维，展示锐意创新的勇气、敢为人先的锐气和蓬勃向上的朝气。

1. 认识水产品原料

水产品包括鱼、虾、蟹、贝类等，品种多，产量大，味美可口，营养丰富，是提供动物性蛋白质的重要食物，也是广大群众所喜爱的日常食品。我国河网广阔、鱼塘密布，海岸线长，水产资源丰富，各种水产品都有不同的品质特点。为了叙述的方便，我们按照鱼类的不同生存条件及粤菜的行业习惯，将其分为鱼类、虾蟹类、贝类和其他水产类四大类。

2. 水产品初步加工的原则

水产品的种类较多，味鲜肉美，营养丰富，是烹调的重要原料，不论在筵席或家常菜中以水产品为原料的比重都很大。水产类原料的初步加工，要根据不同的品种、用途来决定，总的来说，应注意以下几个原则：

（1）注意营养卫生。
（2）注意不同品种和不同用途加工方法的差异。
（3）注意形态的美观。
（4）合理选用原料，注意节约。

3. 鱼类初步加工的方法

1）放血

放血的目的是使鱼肉质洁白，无血腥味。

左手将鱼按在砧板上，鱼腹朝上。右手持刀，在鱼鳃的鳃盖口下刀，刀顺滑至鱼鳃，切断鳃根，随即放进水盆中，让鱼在水中挣扎，将血流尽死亡。

2）打鳞

用鱼鳞刨刀从鱼尾部往头部刨出或刮出鱼鳞。打鳞时不可弄破鱼皮，特别是刀刮鱼鳞时更要注意。用刀打鳞时精神要集中，注意安全。鲥鱼、鲤鱼可不去鳞。

3）去鳃

鱼鳃既腥又脏，必须去除。去鳃时，一般可用刀尖剔出，或用剪刀剪除，有时需用坚实的筷子或竹枝从鳃盖中或口中拧出。

4）取内脏

取内脏有三种方法：

（1）开腹取脏法（腹取法）：在鱼的胸鳍与肛门之间直切一刀，切开鱼腹，取出内脏，刮净黑腹膜。这种方法简单、方便、快捷，使用最广泛，如鲫鱼、鲤鱼、鲩鱼、鲳鱼、生鱼等都可用此方法。

（2）开背取脏法（背取法）：沿背鳍下刀，切开鱼背，取出内脏及鱼鳃。可根据需要选择是否取出脊骨和腩骨。这种方法能在视觉上增大鱼体，美化鱼形，并能除去脊骨和腩骨，可用于蒸生鱼、蒸山斑等。

（3）夹鳃取脏法（鳃取法）：在肛门前1厘米处横切一刀，然后用竹枝、粗筷子或专用长铁钳从鳃盖插入，夹住鱼鳃缠扭，在拧出鱼鳃的同时把内脏也拧出。这种方法能最大限度地保持鱼体外形的完整，常用于原条使用的名贵鱼种，如鲈鱼、鳜鱼、东星斑等。

5）洗涤整理

取内脏后，继续刮净黑腹膜、鱼鳞等污物，整理外形，用清水冲洗干净。

【任务作业】

1. 鱼类取内脏有哪三种方法？各适用于哪些原料？
2. 水产品初步加工的原则是什么？

项目2 鱼类原料加工

任务❶ 鲩鱼加工方法

【任务描述】

在中餐厨房水台岗位工作环境中，运用开腹取脏法加工鲩鱼，以便于切配和烹调，符合食用要求。

【学习目标】

1. 学会对鲩鱼进行品质鉴别。
2. 掌握宰杀鲩鱼的加工方法。
3. 懂得鲩鱼加工后在烹调中的应用。
4. 培养学生爱岗敬业、吃苦耐劳的劳动精神。

【任务准备】

1. 原料准备：鲜活鲩鱼1条。

鲩鱼（图5.1），又名草鱼，生活在淡水中，是我国特产的重要鱼类之一。体略呈圆筒形，头部稍平扁，尾部侧扁；口呈弧形，无须；上颌略长于下颌；体呈浅茶黄色，背部青灰，腹部灰白，胸、腹鳍略带灰黄，其他各鳍浅灰色。

图5.1 鲩鱼

2. 工用具准备：水盆1个，砧板1块，鱼鳞刨刀1把，文武刀1把。

【任务实施】

1. 用刀尖插入鳃部，将鳃根切断，放清血水（图5.2）。
2. 用鱼鳞刨刀从鱼尾部往头部刨出或刮出鱼鳞（图5.3）。
3. 用刀去除鱼鳃（图5.4）。
4. 用刀切开鱼腹，取出内脏，刮去黑膜（图5.5）。
5. 用清水冲洗干净（图5.6、图5.7）。

图5.2 放血

图5.3 刮鱼鳞

图5.4 去鱼鳃

图5.5 取内脏

图5.6 冲洗

图5.7 宰净的鲩鱼成品

【技术要领】

1. 放血时须将鱼血放净，避免影响鱼肉品质。

2. 鱼鳞要打干净，尤其注意腹部及鱼鳍部位。

3. 要去除鱼鳃及鱼牙。

4. 腹部黑膜是腥味的来源，需要将黑膜刮净。

5. 此方法简单、方便、快捷，使用最广泛，如鲫鱼、鲤鱼、鲩鱼、鲳鱼、生鱼等都可用此方法。

【质量要求及烹调应用】

1. 质量要求：鱼身完整，无残留鳞片，去净内脏、黑膜和污物。

2. 烹调应用：适用于蒸等烹调方法。

【任务评价】

原料	加工成型名称	评价要求	配分/分	得分/分
鲜活鲩鱼	宰杀鲩鱼	1. 准备好加工所需的工用具	5	
		2. 工衣、围裙、工帽、工鞋洁净，穿着规范	10	
		3. 选料合理	15	
		4. 熟练运用直刀开腹取脏法宰杀，下刀准确、利落，操作步骤正确	25	
		5. 成品要求鱼身完整，无残留鱼鳞，去净内脏（黑膜、鱼牙、污物等），起货成率符合要求	25	
		6. 操作符合卫生要求	10	
		7. 在规定时间内完成任务	10	
得分			100	

【任务作业】

1. 完成实训报告。
2. 宰杀鲕鱼用什么方法？宰杀时要注意哪些环节？

【任务视频】

宰杀鲕鱼

鲕鱼起肉

学 习 笔 记

任务❷ 豉油皇蒸生鱼加工方法

【任务描述】

在中餐厨房水台岗位工作环境中，运用开背取脏法加工生鱼，以便于切配和烹调，符合食用要求。

【学习目标】

1. 学会对生鱼进行品质鉴别。
2. 掌握起豉油皇蒸生鱼的加工方法。
3. 懂得原料加工后在烹调中的应用。
4. 培养学生坚持劳动创新创造和追求卓越的内在品质。

【任务准备】

1. 原料准备：生鱼1条。

生鱼（图5.8），又名乌鱼、乌鳢，各地俗称很多。我国的生鱼主要有两种：一种是班鳢（俗称本地生鱼、两广生鱼），另一种是乌鳢（俗称外地生鱼、两湖生鱼）。生鱼是一种经济价值很高的淡水鱼类，分布广，产量高，骨刺少，肉厚味美，营养丰富，是烹调中的常用原料。

图5.8 生鱼

2. 工用具准备：水盆1个，鱼鳞刨刀1把，砧板1块，桑刀1把，文武刀1把。

【任务实施】

1. 用刀尖插入鳃部，将鳃根切断，放清血水（图5.9）。
2. 用鱼鳞刨刀刮去鱼身及头部的鱼鳞（图5.10）。
3. 起出胸腹鳍（图5.11）。
4. 下刀时要紧贴脊骨将鱼肉切离，劈开鱼头与前端相连处，再紧贴腩骨将鱼肉起出（图5.12）。两边方法相同。
5. 在尾鳍处将脊骨切断，取出脊骨。再取出内脏和鱼鳃。
6. 在鱼肉表面剞上井字花刀。
7. 冲洗干净（图5.13）。

图5.9 放血

图5.10 刮鱼鳞

图5.11 起胸腹鳍

图5.12　骨肉分离

图5.13　冲洗

【技术要领】

1. 放血要放净，避免影响鱼肉品质。

2. 鱼鳞要打干净，尤其是头部等。

3. 下刀要准确且利落。

图5.14　加工好的豉油皇
蒸生鱼成品

【质量要求及烹调应用】

1. 质量要求：鱼头、鱼身、鱼尾相连，鱼肉平整，形如龙船形，肉色明净，无穿孔。

2. 烹调应用：适用于蒸、油浸等烹调方法。

【任务评价】

原料	加工成型名称	评价要求	配分/分	得分/分
生鱼	起豉油皇蒸生鱼	1. 准备好加工所需的工用具	5	
		2. 工衣、围裙、工帽、工鞋洁净，穿着规范	10	
		3. 选料合理	15	
		4. 熟练运用开背取脏法宰杀，下刀准确、利落，操作步骤正确	25	
		5. 成品要求鱼头、鱼身、鱼尾相连，鱼肉平整，形如龙船形，肉色明净，无穿孔，起货成率符合要求	25	
		6. 操作符合卫生要求	10	
		7. 在规定时间内完成任务	10	
得分			100	

【任务作业】

1. 完成实训报告。
2. 宰杀生鱼用什么方法？原因是什么？
3. 宰杀时要注意哪些环节？

【任务视频】

起豉油皇生鱼

任务❸ 鲈鱼加工方法

【任务描述】

在中餐厨房水台岗位工作环境中，通过运用夹鳃取脏法加工鲈鱼，以便于切配和烹调，符合食用要求。

【学习目标】

1. 学会对鲈鱼进行品质鉴别。
2. 掌握宰杀鲈鱼的加工方法。
3. 懂得鲈鱼加工后在烹调中的应用。
4. 培养思想觉悟好、道德水准高、文明素养强的时代新人。

【任务准备】

1. 原料准备：鲜活鲈鱼1条。

鲈鱼（图5.15），又名花鲈，常栖息于近海或咸淡水处。体色背面淡青，腹面淡白，背侧及背鳍有若干黑色斑黑巨口细鳞，性凶猛。鲈鱼可分为咸水鲈和淡水鲈两大类。

图5.15　鲈鱼

2. 工用具准备：水盆1个，鱼鳞刨刀1把，长铁钳1把，砧板1块，文武刀1把。

【任务实施】

1. 用刀尖插入鳃部，将鳃根切断，放清血水（图5.16）。
2. 用鱼鳞刨刀刮去鱼身及头部的鱼鳞（图5.17）。
3. 在肛门前1厘米处横切一刀，切断肠，然后用铁钳从鳃盖插入，夹住鱼鳃在拧出鱼鳃的同时拧出内脏（图5.18）。
4. 将鱼内外冲洗干净（图5.19、图5.20）。

图5.16　放血

图5.17　刮鱼鳞

图5.18　取内脏　　　　　　　图5.19　冲洗　　　　　图5.20　宰净的鲈鱼成品

【技术要领】

1. 放血要放净，避免影响鱼肉品质。
2. 鱼鳞要打干净。
3. 肛门前横切一刀不宜太宽，切断鱼肠即可，否则影响美观。
4. 要净去内脏，常用于原条使用的名贵鱼种有鲈鱼、鳜鱼、东星斑等。

【质量要求及烹调应用】

1. 质量要求：鱼身完整，无残留鳞片和内脏污物。
2. 烹调应用：适用于蒸等烹调方法。

【任务评价】

原料	加工成型名称	评价要求	配分/分	得分/分
鲈鱼	宰杀鲈鱼	1. 准备好加工所需的工用具	5	
		2. 工衣、围裙、工帽、工鞋洁净，穿着规范	10	
		3. 选料合理	15	
		4. 熟练运用夹鳃取脏法宰杀，下刀准确、利落，操作步骤正确	25	
		5. 成品要求鱼身完整，无残留鳞片和内脏污物，起货成率符合要求	25	
		6. 操作符合卫生要求	10	
		7. 在规定时间内完成任务	10	
得分			100	

【任务作业】

1. 完成实训报告。
2. 宰杀鲈鱼用什么方法？原因是什么？
3. 宰杀时要注意哪些环节？

【任务视频】

宰杀鲈鱼

任务 4 多宝鱼加工方法

【任务描述】

在中餐厨房水台岗位工作环境中，运用开腹取脏法加工多宝鱼，以便于切配和烹调，符合食用要求。

【学习目标】

1. 学会对多宝鱼进行品质鉴别。
2. 掌握宰杀多宝鱼的加工方法。
3. 懂得原料加工后在烹调中的应用。
4. 培养学生创新思维，展示锐意创新的勇气、敢为人先的锐气和蓬勃向上的朝气。

【任务准备】

1. 原料准备：鲜活多宝鱼1条。

多宝鱼（图5.21），又名比目鱼，体侧很扁，身体呈卵圆形，双眼在头部的左侧，长相奇特，出肉率高，鱼肉丰厚白嫩。

2. 工用具准备：水盆1个，鱼鳞刨刀1把，文武刀1把。

图5.21 多宝鱼

【任务实施】

1. 用刀尖插入鳃部，将鳃根切断，放清血水。
2. 用鱼鳞刨刀刮去鱼身的鱼鳞。
3. 用刀尖剔出鱼鳃。
4. 用刀切开鱼腹，取出内脏，用清水冲洗干净。

【技术要领】

1. 放血时须将鱼血放净，避免影响鱼肉品质。
2. 鱼鳃和内脏需去净，减少腥味。
3. 鱼鳞要打干净，内脏和污物要去清。

【质量要求及烹调应用】

1. 质量要求：鱼身完整，无残留鳞片、内脏和污物。
2. 烹调应用：适用于蒸、煎等烹调方法。

【任务评价】

原料	加工成型名称	评价要求	配分/分	得分/分
多宝鱼	多宝鱼加工	1. 准备好加工所需的工用具	5	
		2. 工衣、围裙、工帽、工鞋洁净，穿着规范	10	
		3. 选料合理	15	
		4. 熟练运用直刀开腹取脏法宰杀，下刀准确、利落，操作步骤正确	25	
		5. 成品要求鱼身完整，无残留鱼鳞，去净内脏，起货成率符合要求	25	
		6. 操作符合卫生要求	10	
		7. 在规定时间内完成任务	10	
得分			100	

【任务作业】

完成实训报告。

项目3 虾蟹类原料加工

任务 ① 明虾加工方法

【任务描述】

在中餐厨房砧板或水台岗位工作环境中，运用明虾加工方法，以便于切配和烹调，符合食用要求。

【学习目标】

1. 学会对明虾进行品质鉴别。
2. 掌握剪明虾的加工方法。
3. 懂得原料加工后在烹调中的应用。
4. 培养学生脚踏实地、实干兴邦，弘扬新时代工匠精神。

【任务准备】

1. 原料准备：明虾8只。

明虾（图5.22）因在海水里活动时身体透明度高而得名。因其体形较大，也称大虾；又因北方市场常成对出售，又称对虾。主要产地在渤海一带，广东省虎门、太平、万顷沙、阳江、汕头等地均产。每年夏末至翌年春末均有出产。身弯如弓，能屈能伸，头有枪刺，有钳，须长，腹前多爪，三叉尾。

2. 工用具准备：水盆1个，剪刀1把。

图5.22 明虾

【任务实施】

1. 用剪刀斜着修剪虾头、虾枪（图5.23）。
2. 用剪刀剪去虾须、虾腿（图5.24）。
3. 用剪刀剪去虾尾中间的尖刺（图5.25）。
4. 用竹签或小刀从虾身第二节处插入，挑出虾肠，洗净即可（图5.26、图5.27）。

图5.23 修剪虾头、虾枪

图5.24 剪去虾须、虾腿

图5.25 修剪虾尾

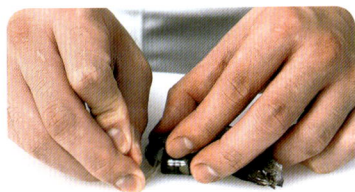

图5.26　挑出虾肠

图5.27　剪好的明虾成品

【技术要领】

1. 煎虾头时要斜剪，增加成品美观度。
2. 挑虾肠动作要轻，避免挑断虾肠。

【质量要求及烹调应用】

1. 质量要求：保持虾的完整，虾须、虾足、虾枪修剪干净，无残留内脏及虾肠。
2. 烹调应用：适用于煎、炸等烹调方法。

【任务评价】

原料	加工成型名称	评价要求	配分/分	得分/分
明虾	剪明虾	1. 准备好加工所需的工用具	5	
		2. 工衣、围裙、工帽、工鞋洁净，穿着规范	10	
		3. 选料合理	15	
		4. 先剪虾头、虾枪，再剪虾须、虾腿，最后虾尾中间尖刺和挑虾肠的操作步骤正确，干净利落	25	
		5. 成品要求保持虾的完整，虾须、虾足、虾枪修剪干净，无残留虾肠，起货成率符合要求	25	
		6. 操作符合卫生要求	10	
		7. 在规定时间内完成任务	10	
得分			100	

【任务作业】

1. 完成实训报告。
2. 明虾有多少种名称？简述其名称的由来。

【任务视频】

剪虾

任务 2 蟹加工方法

【任务描述】

在中餐厨房水台岗位工作环境中，运用蟹加工方法，以便于切配和烹调，符合食用要求。

【学习目标】

1. 学会对蟹进行品质鉴别。

2. 掌握宰杀蟹的加工方法。

3. 懂得原料加工后在烹调中的应用。

4. 培养学生成为立大志、担大任、成大器、立大功的社会主义建设者和接班人。

【任务准备】

1. 原料准备：肉蟹1只。

常见的蟹（图5.28）有大闸蟹（河蟹、毛蟹、清水蟹）、花蟹等品种。我国螃蟹的资源十分丰富，其中以长江下游固城湖大闸蟹、太湖大闸蟹、高邮湖大闸蟹、阳澄湖大闸蟹为代表。肚掩大而扇形的是雌蟹，蟹膏肥厚；肚掩小而呈尖状的是公蟹，蟹肉厚、肥嫩。

2. 工用具准备：水盆1个，砧板1块，刷子1把，小勺1只，文武刀1把，剪刀1把。

图5.28 蟹

【任务实施】

1. 肉蟹：

（1）将蟹背朝下，剪去蟹掩（图5.29）。

（2）在蟹肚中部处斩一刀，不斩断蟹盖（图5.30）。

（3）翻转蟹身，用刀压着蟹爪，将蟹盖揭开（图5.31）。

（4）刮去蟹鳃（图5.32）、蟹内脏并刷洗干净。

（5）将肉蟹斩件（图5.33），去爪尖和尖刺，摆回原形（图5.34）。

图5.29 剪去蟹掩

图5.30 蟹肚斩刀

图5.31 揭开蟹盖

图5.32 刮去蟹鳃

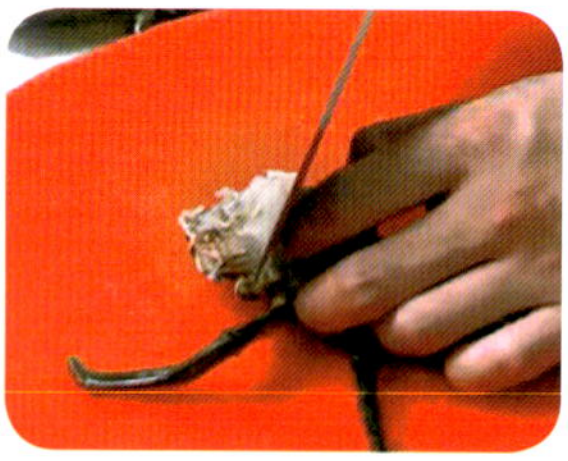

图5.33 肉蟹斩件

图5.34 摆回原形

2. 膏蟹（用于蒸制）：

（1）将蟹背朝下，剪去蟹掩。

（2）在蟹肚中部处斩一刀，不斩断蟹盖。

（3）翻转蟹身，用刀压着蟹爪，将蟹盖揭去。

（4）刮去蟹鳃、蟹内脏并刷洗干净。

（5）将蟹膏取出备用。

（6）将膏蟹斩件，去爪尖和尖刺，摆回原形。

（7）将蟹盖剪成圆形，蒸制时装蟹膏用。

【技术要领】

1. 斩蟹肚时注意深度，不要斩断蟹盖。

2. 处理蟹时动作不宜过大，否则蟹脚容易掉落。

3. 蟹内脏附着泥沙和污物，需要用专用刷刷洗干净。

【质量要求及烹调应用】

1. 质量要求：蟹身完整，无残留内脏、污物。

2. 烹调应用：适用于蒸、炒等烹调方法。

【任务评价】

学习笔记

原料	加工成型名称	评价要求	配分/分	得分/分
肉蟹 花蟹 膏蟹	宰杀蟹	1. 准备好加工所需的工用具	5	
		2. 工衣、围裙、工帽、工鞋洁净，穿着规范	10	
		3. 选料合理，清洗干净	15	
		4. 用刀尖戳进蟹厣至死，揭出蟹盖，去鳃、内脏，斩件等操作步骤正确，干净利落	25	
		5. 成品要求蟹身完整，无残留内脏、污物，大小均匀，起货成率符合要求	25	
		6. 操作符合卫生要求	10	
		7. 在规定时间内完成任务	10	
得分			100	

【任务作业】

1. 完成实训报告。
2. 如何鉴别蟹的公母？
3. 用于蒸的膏蟹与肉蟹在加工时有何区别？

【任务视频】

宰杀肉蟹　　　宰杀花蟹

宰杀膏蟹

任务③ 龙虾加工方法

【任务描述】

在中餐厨房水台岗位工作环境中，运用龙虾加工方法，以便于切配和烹调，符合食用要求。

【学习目标】

1. 学会对龙虾进行品质鉴别。
2. 掌握龙虾的加工方法。
3. 懂得龙虾加工后在烹调中的应用。
4. 培养学生精工至善、创新致远、实干争先的工匠精神。

【任务准备】

1. 原料准备：龙虾1只。

龙虾（图5.35）生活在温暖的海底，白天潜伏在海底岩礁的缝隙里，夜出觅食，行动迟缓，不善游泳。主要产于我国东海和南海，以广东南澳岛产量最多，夏秋季节为出产旺季，有澳大利亚龙虾、南非龙虾、波士顿龙虾等品种。

图5.35　龙虾

2. 工用具准备：水盆1个，砧板1块，文武刀1把，筷子1双，手布1块。

【任务实施】

1. 起龙虾肉：

（1）将筷子从龙虾尾部插入，令龙虾排尿（图5.36）。

（2）一手用手布按着龙虾头部，另一手抓住龙虾身，用力旋转虾身，将龙虾头部和龙虾身分开（图5.37）。

（3）切开虾腹（图5.38），取出虾肉（图5.39）。

（4）挑出虾肠（图5.40、图5.41）。

图5.36　放尿

图5.37　取出龙虾头

图5.38 切开虾腹

图5.39 取出虾肉

图5.40 挑出虾肠

2. 龙虾斩件：将筷子从龙虾尾部插入，令龙虾排尿。扭断虾头，切断虾尾，将龙虾身斩成大碎块即可。

图5.41 龙虾起肉成品

【技术要领】

1. 加工龙虾前，需要将龙虾尿放净，避免影响虾肉的味道。
2. 龙虾壳与龙虾肉紧密相连，需要慢慢将筋膜切断，避免将龙虾肉弄碎。

【质量要求及烹调应用】

1. 质量要求：虾肉完整，无残留污物，无破损，肉质洁白。
2. 烹调应用：适用于炒、焗、蒸等烹调方法。

【任务评价】

原料	加工成型名称	评价要求	配分/分	得分/分
龙虾	起龙虾肉	1. 准备好加工所需的工用具	5	
		2. 工衣、围裙、工帽、工鞋洁净，穿着规范	10	
		3. 选料合理，清洗干净	15	
		4. 排尿，虾头、虾身分开，切开虾腹，取出虾肉，挑出虾肠，操作步骤正确，干净利落	25	
		5. 成品要求虾肉完整，无残留污物，无破损，肉质洁白，起货成率符合要求	25	
		6. 操作符合卫生要求	10	
		7. 在规定时间内完成任务	10	
得分			100	

【任务作业】

1. 完成实训报告。
2. 加工龙虾时应注意哪些环节？

【任务视频】

起龙虾肉

项目4 贝壳类原料加工

任务① 鲍鱼加工方法

【任务描述】

在中餐厨房水台岗位工作环境中，运用鲍鱼加工方法，以便于切配和烹调，符合食用要求。

【学习目标】

1. 学会对鲍鱼进行品质鉴别。
2. 掌握鲍鱼的加工方法。
3. 懂得鲍鱼加工后在烹调中的应用。
4. 培养思想觉悟好、道德水准高、文明素养强的时代新人。

【任务准备】

1. 原料准备：带壳鲜鲍鱼2只。

鲍鱼（图5.42），又名九孔螺，生活在浅海，以腹足吸附在岩石上。鲍鱼根据产地可分为网鲍、窝麻鲍、吉品鲍、改良鲍、汕尾鲍、南非鲍等。鲍鱼味道鲜美，是人们公认的名贵海产。鲍鱼可鲜食，可制成罐头，可制成鲍鱼干，食用上较著名的是干鲍鱼。鲍鱼外壳可作为中药材，叫作石决明。

图5.42 鲍鱼

2. 工用具准备：水盆1个，小刀1把，鲍鱼专用刷1把。

【任务实施】

1. 用小刀（或勺子）沿着鲍鱼壳将鲍鱼肉挖出（图5.43）。
2. 将鲍鱼的内脏去干净（图5.44）。
3. 将鲍鱼和鲍鱼壳用专用刷刷洗干净（图5.45、图5.46）。

图5.43　挖出鲍鱼肉

图5.44　去内脏

图5.45　刷洗鲍鱼

图5.46　洗净的鲍鱼成品

【技术要领】

1. 挖鲍鱼时用小刀刀尖贴着鲍鱼壳下刀，否则影响鲍鱼完整性。
2. 鲍鱼及壳身上附着许多污物，需要用刷子将整个鲍鱼刷洗干净。
3. 鲍鱼嘴含有少量泥沙，需要去干净。

【质量要求及烹调应用】

1. 质量要求：鲍鱼肉和鲍鱼壳完整、洁净、无残留内脏和污渍。
2. 烹调应用：适用于炆、炖、蒸等烹调方法。

【任务评价】

原料	加工成型名称	评价要求	配分/分	得分/分
带壳鲜鲍鱼	洗鲍鱼	1. 准备好加工所需的工用具	5	
		2. 工衣、围裙、工帽、工鞋洁净，穿着规范	10	
		3. 选料合理	15	
		4. 挖出鲍鱼肉，去内脏，刷洗等操作步骤正确，干净利落	25	
		5. 成品要求肉和鲍鱼壳完整、洁净、无残留内脏和污渍，起货成率符合要求	25	
		6. 操作符合卫生要求	10	
		7. 在规定时间内完成任务	10	
得分			100	

【任务作业】

1. 完成实训报告。
2. 加工鲍鱼时要注意哪些环节?

【任务视频】

洗鲍鱼

学习笔记

任务 2 扇贝加工方法

【任务描述】

在中餐厨房水台岗位工作环境中，运用扇贝加工方法，以便于切配和烹调，符合食用要求。

【学习目标】

1. 学会对扇贝进行品质鉴别。
2. 掌握扇贝的加工方法。
3. 懂得扇贝加工后在烹调中的应用。
4. 培养思想觉悟好、道德水准高、文明素养强的时代新人。

【任务准备】

1. 原料准备：带壳鲜扇贝1只。

扇贝（图5.47）属于双壳类软体动物，附着在浅海岩石或沙质海底生活。扇贝的品种很多，约400余种。贝壳内面为白色，壳内的肌肉为可食部位。在我国沿海，扇贝捕捞区主要在北方，以山东省石岛稍北的东楮岛和渤海的长山岛两个地方最为有名。

2. 工用具准备：水盆1个，小刀1把，专用刷1把。

图5.47　扇贝

【任务实施】

1. 将小刀从扇贝壳缝下刀，贴着扇贝壳将闭壳肌与壳连接处割断，撬开扇贝壳（图5.48）。
2. 取出扇贝肉和肉带（图5.49）。
3. 去除扇贝内脏和污物（图5.50）。
4. 将扇贝肉和肉带加盐拌匀后再用清水洗干净即可（图5.51、图5.52）。

图5.48　撬开扇贝壳　　　图5.49　取出扇贝肉　　　图5.50　去内脏

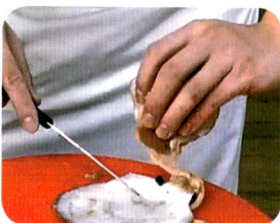

图5.51 清洗扇贝

图5.52 加工好的扇贝成品

【技术要领】

1. 切断闭壳肌时需要沿着扇贝壳较扁的一边下刀，否则影响扇贝肉的完整度。

2. 如果用盐搓洗不干净，可以加入生粉搓洗。

3. 如果扇贝壳要用于烹饪，需用专用刷刷洗干净。

【质量要求及烹调应用】

1. 质量要求：肉质完整，洁净。

2. 烹调应用：适用于蒸、炒等烹调方法。

【任务评价】

原料	加工成型名称	评价要求	配分/分	得分/分
带壳鲜扇贝	扇贝加工	1. 准备好加工所需的工用具	5	
		2. 工衣、围裙、工帽、工鞋洁净，穿着规范	10	
		3. 选料合理	15	
		4. 撬开壳，取出肉，去内脏，清洗等操作步骤正确，干净利落	25	
		5. 成品要求肉质完整、洁净，起货成率符合要求	25	
		6. 操作符合卫生要求	10	
		7. 在规定时间内完成任务	10	
得分			100	

【任务作业】

1. 完成实训报告。

2. 加工扇贝时要注意哪些环节?

【任务视频】

扇贝加工

任务 ③ 带子加工方法

【任务描述】

在中餐厨房水台岗位工作环境中，运用带子加工方法，以便于切配和烹调，符合食用要求。

【学习目标】

1. 学会对带子进行品质鉴别。
2. 掌握带子的加工方法。
3. 懂得带子加工后在烹调中的应用。
4. 培养学生精工至善、创新致远、实干争先的工匠精神。

【任务准备】

1. 原料准备：带壳鲜带子1个。

带子（图5.53）产于我国沿海地区。鲜带子是一种贝类的闭壳肌，脱壳而成，色灰白，也有淡黄，有些还有两条肉带连着，故称带子。带子肉爽滑，味鲜嫩，带微腥。

2. 工用具准备：水盆1个，小刀1把。

图5.53　带子

【任务实施】

1. 将小刀从带子壳缝下刀，贴着将带子壳闭壳肌与壳连接处割断，撬开带子壳。
2. 取出带子肉和肉带。
3. 去除带子内脏和污物。
4. 先将带子肉加盐拌匀，再用清水洗干净即可。

【技术要领】

1. 切断闭壳肌时需要贴着带子壳较扁的一边下刀，否则影响带子肉的完整度。
2. 如果用盐搓洗不干净，可以加入生粉搓洗。
3. 如果带子壳要用于烹饪，需用专用刷刷洗干净。

【质量要求及烹调应用】

1. 质量要求：要求带子肉完整，洁净。
2. 烹调应用：适用于炒、蒸等烹调方法。

【任务评价】

原料	加工成型名称	评价要求	配分/分	得分/分
带壳鲜带子	带子加工	1. 准备好加工所需的工用具	5	
		2. 工衣、围裙、工帽、工鞋洁净，穿着规范	10	
		3. 选料合理	15	
		4. 撬开壳，取出肉，去内脏和污物，清洗等操作步骤正确，干净利落	25	
		5. 成品要求带子肉完整，洁净，起货成率符合要求	25	
		6. 操作符合卫生要求	10	
		7. 在规定时间内完成任务	10	
得分			100	

【任务作业】

1. 完成实训报告。
2. 请写出两道用带子制作的菜肴名称。

任务 4 海螺加工方法

【任务描述】

在中餐厨房水台岗位工作环境中，运用海螺加工方法，以便于切配和烹调，符合食用要求。

【学习目标】

1. 学会对海螺进行品质鉴别。
2. 掌握海螺的加工方法。
3. 懂得海螺加工后在烹调中的应用。
4. 培养学生脚踏实地、实干兴邦、弘扬新时代的工匠精神。

【任务准备】

1. 原料准备：海螺1只。

海螺（图5.54）产于广东、福建等地沿海区，广东以惠阳、汕头地区产量较多，质量较好。海螺可分肉螺、角螺，一般以个头大为最佳。海螺壳坚硬有旋形，头部起角，顶尖，头大，有掩，身长而逐小尖削到尾，肉体婉转，藏伏壳内。肉螺的外壳角小而圆滑，壳薄肉多；角螺的外壳角多起锋棱，壳厚肉少，但两者的食味均不错，肉爽而鲜，为筵席上的佳品。

图5.54 海螺

2. 工用具准备：锤子1把。

【任务实施】

1. 手握着螺尾，用锤子从螺嘴部敲破外壳。
2. 取出螺肉，去掉螺掩和碎壳。
3. 用盐擦洗掉黏液和黑衣，挖去螺肠，洗净即可。

【技术要领】

1. 敲开螺壳不可过于用力，避免螺肉损坏或螺壳过碎。
2. 如果用盐搓洗不干净，可以加入生粉搓洗。
3. 螺内脏不可食用，需要去掉。

【质量要求及烹调应用】

1. 质量要求：海螺肉完整，洁净、无残留内脏。
2. 烹调应用：适用于炒、油泡、白灼等烹调方法。

【任务评价】

原料	加工成型名称	评价要求	配分/分	得分/分
带壳鲜海螺	海螺加工	1. 准备好加工所需的工用具	5	
		2. 工衣、围裙、工帽、工鞋洁净，穿着规范	10	
		3. 选料合理	15	
		4. 敲破外壳，取出螺肉，清洗等操作步骤正确，干净利落	25	
		5. 成品要求螺肉完整，洁净，无残留内脏，起货成率符合要求	25	
		6. 操作符合卫生要求	10	
		7. 在规定时间内完成任务	10	
得分			100	

【任务作业】

完成实训报告。

项目5 其他水产类原料加工

任务① 鱿鱼加工方法

【任务描述】

在中餐厨房水台岗位工作环境中，运用鱿鱼加工方法，以便于切配和烹调，符合食用要求。

【学习目标】

1. 学会对鱿鱼进行品质鉴别。
2. 掌握鱿鱼的加工方法。
3. 懂得鱿鱼加工后在烹调中的应用。
4. 培养学生吃苦耐劳的精神和坚强的毅力。

【任务准备】

1. 原料准备：新鲜鱿鱼1只。

鱿鱼（图5.55），又名柔鱼、枪乌贼，体内含有赤、黄、橙等色素。腹部为筒形，头部生有八只软足和两只特别长的触手，通体除了一个口外，背脊上有一条形如胶质的软骨。

图5.55 鱿鱼

2. 工用具准备：水盆1个，砧板1块，剪刀1把。

【任务实施】

1. 用刀或剪刀剪开腹部（图5.56），剥出内脏。
2. 将鱿鱼须和鱿鱼身撕开（图5.57）。
3. 将尾端的肉鳍完整撕出。
4. 用手剥去鱿鱼内部软骨、软衣（图5.58）。
5. 用剪刀剪开鱿鱼头部，用手剥去鱿鱼眼、鱿鱼嘴（图5.59）。
6. 将鱿鱼身上的外膜去除干净（图5.60）。
7. 将鱿鱼洗净，滤干水（图5.61、图5.62）。

图5.56　剪开腹部

图5.57　剥出鱿鱼须

图5.58　剥去软骨、软衣

图5.59　剥去鱿鱼眼、鱿鱼嘴

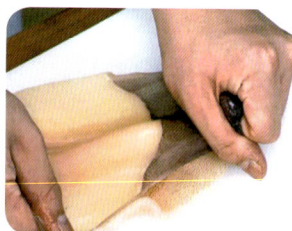

图5.60　剥去鱿鱼外膜

图5.61　清洗

图5.62　加工好的鱿鱼成品

【技术要领】

1. 剪开鱿鱼身时需要沿着无软骨的一边剪开。
2. 去除鱿鱼眼时容易喷溅墨汁，需要小心。
3. 鱿鱼爪有许多细小的吸盘，需要处理干净。

【质量要求及烹调应用】

1. 质量要求：无残留污物、黏液，鱿鱼身完整。
2. 烹调应用：适用于炒、炸、灼等烹调方法。

【任务评价】

原料	加工成型名称	评价要求	配分/分	得分/分
鱿鱼	鱿鱼加工	1. 准备好加工所需的工用具	5	
		2. 工衣、围裙、工帽、工鞋洁净，穿着规范	10	
		3. 选料合理	15	
		4. 开腹，去内脏、肉鳍、软骨、软衣，剥去鱿鱼眼、嘴、外膜，洗净等操作步骤正确，干净利落	25	
		5. 成品要求鱿鱼身完整、无残留污物、黏液，起货成率符合要求	25	
		6. 操作符合卫生要求	10	
		7. 在规定时间内完成任务	10	
得分			100	

【任务作业】

1. 完成实训报告。
2. 请写出五道用鲜鱿鱼制作的菜肴名称。

【任务视频】

宰杀鱿鱼

任务 2 甲鱼加工方法

【任务描述】

在中餐厨房水台岗位工作环境中，运用甲鱼加工方法，以便于切配和烹调，符合食用要求。

【学习目标】

1. 学会对甲鱼进行品质鉴别。
2. 掌握甲鱼的加工方法。
3. 懂得甲鱼加工后在烹调中的应用。
4. 培养学生爱岗敬业、实干争先的工匠精神。

【任务准备】

1. 原料准备：甲鱼1只。

甲鱼（图5.63），又名水鱼、鳖、王八，全国各地均产，最有名的是中华鳖。甲鱼一年四季均有，属两栖动物，繁殖极快，每年6—7月是产卵季节。甲鱼身呈椭圆形，嘴尖，头颈圆长，四爪肉厚，背甲圆滑，边缘柔软成肉裙，头尾、四爪能缩藏不露。广东的本地甲鱼身扁圆滑而肥，背黄腹白，肉裙宽。

2. 工用具准备：水盆1个，砧板1块，文武刀1把。

图5.63 甲鱼

【任务实施】

1. 将甲鱼翻转肚朝天，用拇指、食指钳紧尾部两侧放在砧板上，待伸出后，用刀压着，将颈拉长，用手握颈部，拉出甲鱼颈，用刀切开甲鱼颈与背甲连接处，斩断颈骨和肩骨，将甲鱼腹部与背甲切离（图5.64）。

2. 用60 ℃水烫甲壳，刮去外衣（图5.65）。

3. 用刀取出甲鱼内脏（图5.66）。

4. 斩去嘴尖、脚趾，斩件，将裙留用（图5.67）。

图5.64 切离腹部与背甲

图5.65 刮去外衣

图5.66 去除内脏

图5.67 宰净的甲鱼成品

【技术要领】

1. 沿着裙边下刀时要小心，保持软边（甲鱼裙）的完整。
2. 黄膏是甲鱼腥味的主要来源，需要将黄膏去清。
3. 斩件要均匀。

【质量要求及烹调应用】

1. 质量要求：去除内脏污物、黄膏及外衣，斩件要均匀，裙边要完整。
2. 烹调应用：适用于煨、炖等烹调方法。

【任务评价】

原料	加工成型名称	评价要求	配分/分	得分/分
甲鱼	甲鱼加工	1. 准备好加工所需的工用具	5	
		2. 工衣、围裙、工帽、工鞋洁净，穿着规范	10	
		3. 选料合理	15	
		4. 切离腹部与背甲，烫水去外衣，去除内脏，斩件等操作步骤正确，干净利落	25	
		5. 成品要求去除内脏污物、黄膏及外衣，斩件要均匀，裙边要完整，起货成率符合要求	25	
		6. 操作符合卫生要求	10	
		7. 在规定时间内完成任务	10	
得分			100	

【任务作业】

1. 完成实训报告。
2. 如何鉴别甲鱼的公母?

【任务视频】

宰杀甲鱼

任务3 牛蛙加工方法

【任务描述】

在中餐厨房水台岗位工作环境中，运用牛蛙加工方法，以便于切配和烹调，符合食用要求。

【学习目标】

1. 学会对牛蛙进行品质鉴别。

2. 掌握牛蛙的加工方法。

3. 懂得牛蛙加工后在烹调中的应用。

4. 培养学生浓厚的家国情怀，引导学生参加社会实践活动，激发学生强烈的社会责任感。

【任务准备】

1. 原料准备：牛蛙1只。

牛蛙（图5.68），因其叫声大且洪亮酷似牛叫而得名。原产于北美，20世纪90年代开始在我国大范围推广养殖。个体硕大，生长快，产量高，是一种大型食用蛙，肉质细嫩，味道鲜美，营养丰富。

图5.68　牛蛙

2. 工用具准备：水盆1个，砧板1块，文武刀1把。

【任务实施】

1. 左手食指、拇指钳住腹部，从牛蛙眼后部下刀斩去头部（图5.69），让血流尽。

2. 大拇指和食指从刀口处插入，将牛蛙皮剥去（图5.70）。

3. 将牛蛙四肢爪尖斩去，将肚皮剖开，将牛蛙内脏取出（图5.71）。

4. 起出大腿骨、脊骨（图5.72、图5.73），冲洗干净（图5.74、图5.75）。

图5.69　斩去头部

图5.70　剥去外皮

图5.71　取出内脏

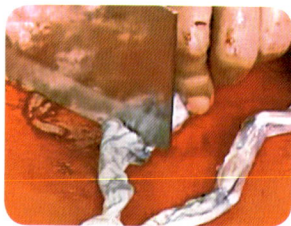
图5.72　起大腿骨

图5.73　起脊骨

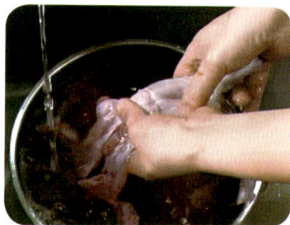
图5.74　洗净

图5.75　宰好的牛蛙成品

【技术要领】

1. 刀口要齐整，下刀要准确。
2. 去外皮要干净。
3. 需要仔细将内脏污物等去除。
4. 起骨要干净，避免留下碎骨。

【质量要求及烹调应用】

1. 质量要求：保持形状完整，肉质色泽明净，骨要去干净。
2. 烹调应用：适用于炒、油泡等烹调方法。

【任务评价】

原料	加工成型名称	评价要求	配分/分	得分/分
牛蛙	牛蛙加工	1. 准备好加工所需的工用具	5	
		2. 工衣、围裙、工帽、工鞋洁净，穿着规范	10	
		3. 选料合理	15	
		4. 斩头，剥皮，去内脏，起大腿骨、脊骨，洗净等操作步骤正确，干净利落	25	
		5. 成品要求保持形状完整，肉质色泽明净，骨要去干净，起货成率符合要求	25	
		6. 操作符合卫生要求	10	
		7. 在规定时间内完成任务	10	
得分			100	

【任务作业】

1. 完成实训报告。
2. 加工牛蛙时要注意哪些环节?

【任务视频】

宰杀牛蛙

任务④ 起黄鳝肉加工方法

【任务描述】

在中餐厨房水台岗位工作环境中，运用黄鳝加工方法，以便于切配和烹调，符合食用要求。

【学习目标】

1. 学会对黄鳝进行品质鉴别。
2. 掌握起黄鳝肉的加工方法。
3. 懂得原料加工后在烹调中的应用。
4. 培养学生精工至善、创新致远、实干争先的工匠精神。

【任务准备】

1. 原料准备：鲜活黄鳝1条。

黄鳝（图5.76）的分布很广，我国各地都有分布，尤其是江苏、浙江、广东和沿长江各省出产最多。黄鳝生长在江河支流、湖泊、水库、池沼、沟渠和稻田中。

2. 工用具准备：砧板1块、小刀1把，钉子1颗。

图5.76　黄鳝

【任务实施】

1. 从颈部刀斩头（骨断肉不断，图5.77），用钉子插牢鳝头在砧板上（图5.78）。
2. 用刀沿着脊骨从头至尾将肉割离脊骨（图5.79）。
3. 从头至尾横刀起出脊骨（图5.80），便将骨头全部起净（图5.81）。

图5.77　斩头

图5.78　固定鳝头

图5.79　割离脊骨

图5.80 起出脊骨

图5.81 黄鳝肉成品

【技术要领】

1. 黄鳝头不宜斩断，留作固定用。
2. 黄鳝脊骨应取干净，保证口感。

【质量要求及烹调应用】

1. 质量要求：黄鳝肉完整，无残留骨头及内脏。
2. 烹调应用：适用于炒、油泡等烹调方法。

【任务评价】

原料	加工成型名称	评价要求	配分/分	得分/分
黄鳝	起黄鳝肉	1. 准备好加工所需的工用具	5	
		2. 工衣、围裙、工帽、工鞋洁净，穿着规范	10	
		3. 选料合理	15	
		4. 斩头（骨断肉不断），固定头部，用刀起出脊骨，洗净等操作步骤正确，干净利落	25	
		5. 成品要求肉完整，无残留骨头及内脏，起货成率符合要求	25	
		6. 操作符合卫生要求	10	
		7. 在规定时间内完成任务	10	
得分			100	

【任务作业】

1. 完成实训报告。
2. 用于制作啫啫黄鳝煲时，黄鳝应如何加工？

【任务视频】

宰杀黄鳝及起肉

模块 *6*

干货原料加工技术

项目1 干货原料的认识及常用涨发方法

【任务描述】

在中餐厨房上什岗位工作环境中，运用各种方法将干货进行涨发，以便于切配和烹调，符合食用要求。

【学习目标】

1. 理解干货原料的含义。
2. 懂得制作成干货原料的作用。
3. 熟记干货原料涨发的方法及要求。
4. 培养学生创新思维，展示锐意创新的勇气、敢为人先的锐气和蓬勃向上的朝气。

干货原料是指经过脱水干制而成的原料。很多鲜活的原料，无论是植物性原料还是动物性原料都可以制成干货原料。鲜活原料制成干货原料的目的是便于久藏，便于运输，而且经过干制后的原料还会增加一种特殊风味，同时可以调节市场原料的供应。

1. 干货原料涨发的概念和意义

鲜货原料制成干货原料，其脱水方法各有不同：有的用阳光晒干，有的自然风干，有的用火烘干，还有的用盐渍后再制干等。不同原料采用不同脱水方法，形成了干货原料的复杂化。干货原料经过干制后变得坚实且含有各种各样的气味。干货原料使用前需要进行涨发。所谓干货原料涨发，就是通过各种各样的方法让干货原料重新吸水，最大限度地恢复原来的状态，使原料体积膨润、疏松，并除去腥膻气味和杂质，以便于切配和烹调，符合食用要求。

2. 干货原料涨发的要求

由于干货原料的种类多，产地不一，品质复杂，加工干制的方法多种多样，因此，性能也各有不同，涨发加工的方法必须随性能而异。一般说来，干货的涨发加工应注意掌握以下要求：

（1）熟悉原料产地和性能。
（2）掌握和鉴别原料的老嫩和好坏。
（3）要熟练地掌握操作过程中的各个环节。

3. 干货原料涨发的方法

干货原料涨发加工的方法要根据原料的性能、干制的原始过程区别使用。一般说来，涨发加工的方法可分为水发、油发、盐（沙）发、火发四种。在原料的涨发过程中，这四种方法也并非孤立使用的，往往是交叉使用或综合使用的。按行业习惯，干货原料涨发加工可分为冷水发、浸焗发、煲发、浸焗煲发、蒸发、油发、火发等。

【任务作业】

1. 什么是干货原料?
2. 将新鲜原料制成干货有哪些作用?
3. 什么是干货涨发?
4. 干货原料涨发的方法有哪些?

学习笔记

项目2　植物类干货原料知识与涨发加工

通常植物类干货原料都是用水发的方法进行涨发的。所谓水发，就是将干货原料放入水中浸泡，使其初步回软或重新吸水，变得质地松软，尽量恢复原来状态的一种涨发加工方法。水发在二货涨发中运用最广，基本上任何一种干货原料都必须经过水发的过程。水发可分为冷水发、热水发、碱水发三种。

1. 冷水发

冷水发是指将干货原料放入冷水中，使其自然吸水，恢复松软的状态。冷水发在涨发加工中应用最为广泛，是干货原料涨发最基本的一种方法。

冷水发可分为浸、漂两种。浸就是将干货放在冷水中浸相当时间，让干货吸水膨胀回软，一般适用于体小质软的干货原料。比如冬菇、木耳、蘑菇、鱿鱼等原料直接运用浸的方法即可涨足发透。另外，浸还可以和其他发料方法配合，用于体大质硬的干货原料。比如鱼翅、海参、广肚等原料在用沸水涨发前，都要先用冷水浸相当长的时间，以避免外表的破烂、破裂甚至溶化，也有利于原料回软，去除杂质沙粒。如鳝肚，经油发后还得经过冷水发使其吸水回软，便于切配烹调。

漂主要是配合发料方法，一般是在最后清除原料本身或在涨发过程中出现的杂质和异味。比如海参、鱼翅在反复煲焗后，还必须用冷水漂，以彻底清除腥膻臭味。墨鱼经碱水泡发使其松软后，还得用冷水漂，以去除其碱质，符合食用要求。

2. 热水发

热水发是指将干货原料放入热水、温水或沸水中，经过加热处理或加盖焗发，使其加快吸水，胀大回软。热水发的应用范围较为广泛，一般可分为以下几种。

1）煲

有些干货原料质地十分坚硬，不容易吸水涨发，就得利用温度高作催发条件，才能使水分渗透到原料内部，使原料内部涨发回软，以达到脱沙、去骨、内外回软的目的。比如鲍鱼，只有煲相当长的时间才能使其回软。

2）焗

一些干货原料内部较为坚硬，体大且外表有沙粒或角质表皮，不易发透，就得用沸水或温水加盖焗发，才可使水分渗入原料内部，使其外表疏松以利于去除沙或杂质，使其内部回软，以利切配，如广肚、燕窝等原料。

3）蒸

蒸是指将原料放入器皿中隔水蒸发，一般适用于易碎散的原料或具有特殊风味的原料，如干贝、带子等原料。

4）泡

泡是指将原料置于沸水或温水浸泡一定的时间，一般适用于体小、质微硬的原料。泡是热水发中最简单的一种操作方法，操作时应注意气候冷热的因素和原料本身的质地、性能而适当掌握水温。比如粉丝，在冬季可用温度为80 ℃的热水泡发，夏季则用温度为

50 ℃的热水泡发。泡发石耳的水温比雪耳略高。

3. 碱水发

碱水发是指先将干货原料用清水浸泡，然后放入碱水溶液里浸泡一定的时间，使其涨发回软，再用清水漂浸，清除体内碱质和腥臊气味的加工方法。这种方法仅适用于一些坚韧的原料，如墨鱼等。在碱水发的操作过程中必须注意：

（1）先用冷水浸，后用碱水发，最后必须用清水浸漂去碱味。

（2）必须注意用碱量的多少，即根据原料的质地、性能掌握碱溶液的浓度。

（3）正确掌握涨发时间，达到软化程度即可。

任务① 干木耳涨发

【任务描述】

在中餐厨房上什或砧板岗位工作环境中，运用水发方法涨发干木耳，以便于切配和烹调，符合食用要求。

【学习目标】

1. 学会对干木耳进行品质鉴别。
2. 掌握干木耳涨发的方法。
3. 熟记干木耳的涨发起货成率。
4. 增强学生为人民服务的意识，学会创新发展。

【任务准备】

1. 原料准备：干木耳25克。

干木耳（图6.1）是木耳的干制品。木耳，又名黑木耳、光木耳，色泽黑褐，质地柔软，味道鲜美，营养丰富，可素可荤，主要分布于黑龙江、吉林、福建、湖北、广东、广西、四川、贵州、云南等地。生长于栎、杨、榕、槐等120多种阔叶树的腐木上，单生或群生。木耳子实体胶质，呈圆盘形，耳形不规则，直径3～12厘米。新鲜时软，干后成角质。口感细嫩，风味特殊，是一种营养丰富的食用菌。

2. 工用具准备：水盆1个，剪刀1把。

图6.1　干木耳

【任务实施】

用冷水将干木耳浸泡2小时，把尾端木屑和泥土剪洗干净，再用清水漂浸一次即可。

【技术要领】

浸泡后要将尾端木屑和泥土剪洗干净。

【质量要求及烹调应用】

1. 质量要求：涨发较大，色泽明亮，不含泥沙。
2. 烹调应用：干木耳在烹调中应用广泛，但刀工成型较少。作主料，可拌、炒，如凉拌木耳；作配料，因其天然黑色，是某些菜肴中黑色装饰点缀的好材料。

【任务评价】

原料	加工成型名称	评价要求	配分/分	得分/分
干木耳	涨发干木耳	1. 准备好加工所需的工用具	5	
		2. 工衣、围裙、工帽、工鞋洁净，穿着规范	10	
		3. 选料合理	15	
		4. 用冷水浸泡后剪洗等操作环节正确、熟练	25	
		5. 成品要求涨发较大，色泽明亮，不含泥沙，起货成率符合要求	25	
		6. 操作符合卫生要求	10	
		7. 在规定时间内完成任务	10	
得分			100	

【任务作业】

1. 完成实训报告。
2. 水发有哪几种类型？
3. 碱水发在操作过程中应注意什么？

任务❷ 干雪耳涨发

【任务描述】

在中餐厨房上什岗位工作环境中，运用水发方法涨发干雪耳，以便于切配和烹调，符合食用要求。

【学习目标】

1. 学会对干雪耳进行品质鉴别。
2. 掌握干雪耳涨发方法。
3. 熟记干雪耳的涨发起货成率。
4. 培养学生养成垃圾分类、节约食材、物尽其用的良好习惯。

【任务准备】

1. 原料准备：干雪耳25克。

干雪耳（图6.2）是雪耳的干制品。雪耳，又名银耳，主要产地为云南、四川、贵州、福建等地。现多为人工培植，产量高。雪耳形如疏松的雪花，色微黄，以白色半透明的为佳，是一种滋补品和药用菌。

2. 工用具准备：水盆1个，剪刀1把。

图6.2　干雪耳

耳各品种比较一览表

品种	产地	形状	特点
雪耳	云南、四川、贵州、福建	形如疏松的雪花，色微黄，以白色半透明的为佳	脆嫩滑爽，富有弹性
桂花耳	湖北	形如桂花，色泽金黄	爽滑可口，带有桂花香味
榆耳	山东	形如人耳，色泽金黄	质嫩而脆
黄耳	福建、云南、四川、西藏	形如核桃，以朵大色泽金黄为好	爽滑可口
木耳	湖北、湖南、四川、贵州为主要产地	色泽有黄、白、黑三种，以背略呈灰白色、面色乌黑光亮的为佳；色带褐黄、厚身、大小不一的次之	口感细嫩
石耳	湖北、广西、四川	呈近圆形的皱片状，形较细而身较厚	口感清爽

【任务实施】

1. 用冷水将干雪耳浸泡4小时（图6.3）。

2. 洗剪干净（图6.4），去清木屑。

3. 放入盆内加沸水焗30分钟即可（图6.5、图6.6）。

图6.3　浸泡

图6.4　洗剪

图6.5　焗

图6.6　涨发好的雪耳成品

【技术要领】

1. 先浸泡后再用沸水焗。

2. 若雪耳色泽带黄，可加入少许白醋（雪耳500克加入白醋1.5克）稍浸泡，然后用清水漂洗干净，使其变白。

【质量要求及烹调应用】

1. 质量要求：涨发较大，色泽洁白且明净。

2. 烹调应用：可用于扒、炖等烹调方法。

【任务评价】

原料	加工成型名称	评价要求	配分/分	得分/分
干雪耳	涨发干雪耳	1. 准备好加工所需的工用具	5	
		2. 工衣、围裙、工帽、工鞋洁净，穿着规范	10	
		3. 选料合理	15	
		4. 浸泡、洗剪、焗等操作环节正确、熟练	25	
		5. 成品要求涨发较大，色泽洁白且明净，起货成率符合要求	25	
		6. 操作符合卫生要求	10	
		7. 在规定时间内完成任务	10	
得分			100	

【任务作业】

1. 完成实训报告。
2. 行业俗称的"三菇六耳"中，"六耳"指的是什么?

【任务视频】

涨发雪耳

任务 **3** 干香菇涨发

【任务描述】

在中餐厨房上什岗位工作环境中，运用水发方法涨发干香菇，以便于切配和烹调，符合食用要求。

【学习目标】

1. 学会对干香菇进行品质鉴别。
2. 掌握干香菇涨发的方法。
3. 熟记干香菇的涨发起货成率。
4. 增强学生为人民服务的意识，学会创新发展。

【任务准备】

1. 原料准备：干香菇25克。

干香菇（图6.7）是香菇的干制品。香菇因产地和品质的不同，可分为花菇、北菇、西菇、香信等品种。主要产地为广东、江西、福建、安徽等省，以福建产的花菇品质最佳，香气最浓郁。花菇形如金钱，状如小伞，伞面花纹明显，菇边往里卷，盖表面黑褐色，底部霜白色或茶色。

2. 工用具准备：水盆1个，剪刀1把。

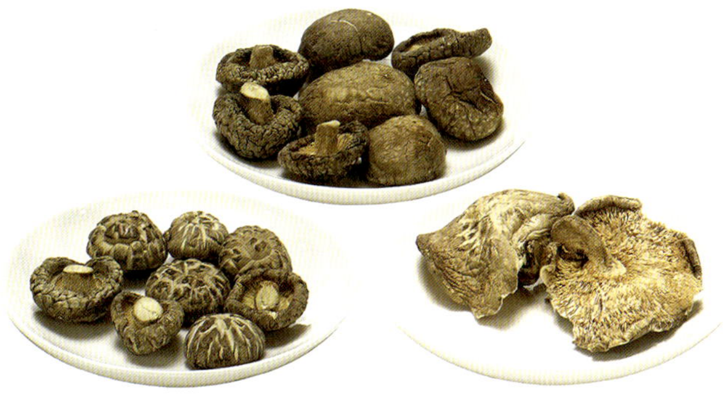

图6.7　干香菇

香菇各品种比较一览表

品种	产地	形状	特点
花菇	以福建为主，广东、江西各地均有	盖面有玲珑浮凸裂纹，底浅黄白	身厚结实，菇边圆润，香味浓郁
北菇	广州以北，以南雄、英德等地为主，江西龙南、兴国次之	盖面乌润，圆口卷边，蒂细而短	身厚、味香肉爽
西菇	广西桂林、柳州和贵州等地	身粗糙，盖面略有白霜，菇蒂粗长	肉虽厚，但味不及北货清香
香信	各地均有	肉薄、蒂长，色泽金黄	肉质不够爽滑，香味不浓
日本滨菇	日本横滨	伞形	身厚而爽，香味不浓

【任务实施】

1. 用冷水将干香菇浸泡2小时以上直至完全吸透水为止（图6.8）。

2. 剪茎（图6.9）后洗净即可（图6.10）。

图6.8　浸泡

图6.9　剪茎

图6.10　涨发好的香菇成品

【技术要领】

1. 涨发时不要用热水，以免香菇的香味流失。

2. 浸泡香菇的水不要倒掉，可在熟处理时使用。

3. 若香菇放置时间太长，用冷水涨发后，可加入淀粉拌匀，再用清水将香菇表面的杂质冲洗干净。

【质量要求及烹调应用】

1. 质量要求：涨发效果好，香味足。

2. 烹调应用：适用于焖、炒、炖、滚、烩、煲等多种烹调方法。

【任务评价】

原料	加工成型名称	评价要求	配分/分	得分/分
干香菇	涨发干香菇	1. 准备好加工所需的工用具	5	
		2. 工衣、围裙、工帽、工鞋洁净，穿着规范	10	
		3. 选料合理	15	
		4. 用冷水浸泡后剪洗等操作环节正确、熟练	25	
		5. 成品要求涨发效果好，香味足，起货成率符合要求	25	
		6. 操作符合卫生要求	10	
		7. 在规定时间内完成任务	10	
得分			100	

【任务作业】

1. 完成实训报告。
2. 行业俗称的"三菇六耳"中，"三菇"指的是什么？

【任务视频】

涨发香菇

任务 4　干竹荪涨发

【任务描述】

在中餐厨房上什岗位工作环境中，运用水发方法涨发干竹荪，以便于切配和烹调，符合食用要求。

【学习目标】

1. 学会对干竹荪进行品质鉴别。
2. 掌握干竹荪涨发的方法。
3. 熟记干竹荪的涨发起货成率。
4. 培养学生吃苦耐劳的精神和坚强的毅力。

【任务准备】

1. 原料准备：干竹荪25克。

干竹荪（图6.11）是鲜竹荪的干制品，主要产于我国的西南山区，由菌盖、菌幕和菌柄组成，呈网状，菌柄中空，以色泽浅黄、长短均匀、质地细软、气味清香的为佳。

2. 工用具准备：水盆1个。

图6.11　干竹荪

【任务实施】

用冷水将干竹荪浸泡2小时（图6.12），洗净泥沙即可（图6.13）。

图6.12　浸泡

图6.13　洗净

【技术要领】

1. 用冷水浸泡，清洗时要保持原料的完整。
2. 若竹荪色泽带黄，可用白醋浸泡10分钟，然后用清水漂洗干净，使其变白。

【质量要求及烹调应用】

1. 质量要求：色泽洁白，外形完整，熟后口感滑润不脆，鲜爽适口。

2. 烹调应用：适用于扒、蒸、酿、炖等烹调方法。

学习笔记

【任务评价】

原料	加工成型名称	评价要求	配分/分	得分/分
干竹荪	涨发干竹荪	1. 准备好加工所需的工用具	5	
		2. 工衣、围裙、工帽、工鞋洁净，穿着规范	10	
		3. 选料合理	15	
		4. 用冷水浸泡后洗净等操作环节正确、熟练	25	
		5. 成品要求色泽洁白，外形完整，起货成率符合要求	25	
		6. 操作符合卫生要求	10	
		7. 在规定时间内完成任务	10	
得分			100	

【任务作业】

完成实训报告。

【任务视频】

涨发竹荪

项目3 动物类干货原料知识与涨发加工

任务① 干鱿鱼涨发

【任务描述】

在中餐厨房上什岗位工作环境中，运用水发方法涨发干鱿鱼，以便于切配和烹调，符合食用要求。

【学习目标】

1. 学会对干鱿鱼进行品质鉴别。
2. 掌握干鱿鱼涨发的方法。
3. 熟记干鱿鱼的涨发起货成率。
4. 培养学生脚踏实地、实干兴邦，弘扬新时代工匠精神。

【任务准备】

1. 原料准备：干鱿鱼1只。

干鱿鱼（图6.14）是鲜鱿鱼的干制品。我国沿海各地都出产鱿鱼，以宝安、九龙所产的吊片鱿，海南的临高鱿品质最佳。鱿鱼可分为吊片鱿、临高鱿、竹叶鱿、汕尾鱿、排鱿等不同品种。

2. 工用具准备：水盆1个。

图6.14 干鱿鱼

鱿鱼各品种比较一览表

品种	产地	形状	特点
吊片鱿	宝安、九龙等地	身细薄，肉嫩，透明，淡金黄色	使用时不宜久浸
临高鱿	海南岛临高县及北部一带	肉嫩身大，色金黄而透明	肉嫩润喉，美味可口，具有很高的营养价值
竹叶鱿	阳江、东平、北海等地	色泽金黄，形如竹叶，身长	含有丰富的钙、磷、铁元素，蛋白质及人体所需的氨基酸，有滋阴养胃、补虚润肤的功效
汕尾鱿	汕尾	身厚，金黄色	肉脆味香，体大色鲜
排鱿	日本	身粗大	须短，色泽红中带黑

【任务实施】

1. 冷水发：

（1）将干鱿鱼放在冷水中浸泡2小时（图6.15），使鱼体吸水变软。

（2）撕掉外层衣膜（里面的一层衣膜不能撕掉）和角质内壳（半透明的角质片），将头腕部分与鱼体分开，洗净即可。

2. 碱水发：

（1）将鱿鱼用清水浸泡1小时后，加入纯碱再浸泡20分钟（根据鱿鱼的老嫩和涨发时间的长短而定，图6.16）。

（2）待鱿鱼涨发饱满，富有弹性和光泽时捞起，投入清水中漂洗（图6.17），去碱味即可（水500克下纯碱25克，也可用枧水，图6.18）。

图6.15　冷水浸泡

图6.16　加入纯碱浸泡

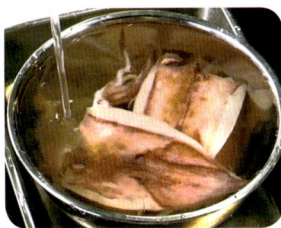

图6.17　漂洗

图6.18　涨发好的鱿鱼成品

【技术要领】

1. 必须根据原料质地性能确定用碱分量。

2. 掌握碱水浸发的时间，原料透身即可。

3. 涨发后必须用清水漂清碱味。

4. 禁止使用有损身体健康的碱性物质。

【质量要求及烹调应用】

1. 质量要求：色泽明净，呈浅黄色，保持原料完整，涨发够身。

2. 烹调应用：适用于炒、油泡等烹调方法。

学习笔记

【任务评价】

原料	加工成型名称	评价要求	配分/分	得分/分
干鱿鱼	涨发干鱿鱼	1. 准备好加工所需的工用具	5	
		2. 工衣、围裙、工帽、工鞋洁净，穿着规范	10	
		3. 选料合理	15	
		4. 用冷水浸后撕掉外层衣膜，洗净等操作环节正确、熟练	25	
		5. 成品要求色泽明净，呈浅黄色，保持原料完整，涨发够身，起货成率符合要求	25	
		6. 操作符合卫生要求	10	
		7. 在规定时间内完成任务	10	
得分			100	

【任务作业】

1. 完成实训报告。
2. 吊片鱿产地在哪里？特点是什么？

【任务视频】

涨发鱿鱼

任务 2 广肚涨发

【任务描述】

在中餐厨房上什岗位工作环境中，运用浸焗法涨发广肚，以便于切配和烹调，符合食用要求。

【学习目标】

1. 学会对广肚进行品质鉴别。
2. 掌握广肚涨发的方法。
3. 熟记广肚的涨发起货成率。
4. 培养学生脚踏实地、实干兴邦、弘扬新时代的工匠精神。

【任务准备】

1. 原料准备：广肚1只。

广肚（图6.19）是由鳖鱼公的鱼鳔干制而成的，身长，肉厚，山形纹，透明；母肚身圆而阔，呈波浪纹，肉较薄，又称炸肚或鳖肚。

2. 工用具准备：瓦煲1个，水盆1个。

图6.19 广肚

【任务实施】

1. 用清水浸泡12小时（图6.20），洗擦干净（图6.21）。

2. 将广肚放入盆内，加入沸水加盖焗至水冷，换沸水再焗（图6.22），如此2～3次，当沸水变冷要马上更换，直至肚身软透为止。

3. 用清水浸着备用（图6.23）。

图6.20 浸泡

图6.21 洗擦

图6.22 焗制

图6.23 涨发好的广肚成品

【技术要领】

1. 浸完后，将广肚洗刷干净。

2. 焗制时要勤换水。

3. 判断好广肚够身。鉴别够身方法：

（1）能戳入手指甲。

（2）用刀切时不粘刀，刀口中间不起"白心"。

（3）在热水和冷水中，其软硬度均一样。

4. 发好的广肚应用洁净水盛着。

【质量要求及烹调应用】

1. 质量要求：肚身松软，中间不硬，涨发较大，不泻烂，色泽洁白。

2. 烹调应用：适用于扒、烩等烹调方法。

【任务评价】

原料	加工成型名称	评价要求	配分/分	得分/分
广肚	涨发广肚	1. 准备好加工所需的工用具	5	
		2. 工衣、围裙、工帽、工鞋洁净，穿着规范	10	
		3. 选料合理	15	
		4. 浸泡，洗擦，焗制等操作环节正确、熟练	25	
		5. 成品要求肚身松软，中间不硬，涨发较大，不泻烂，色泽洁白，起货成率符合要求	25	
		6. 操作符合卫生要求	10	
		7. 在规定时间内完成任务	10	
得分			100	

【任务作业】

1. 完成实训报告。

2. 广肚与鳘肚有何区别？

【任务视频】

涨发广肚

任务 3 干鲍鱼涨发

【任务描述】

在中餐厨房上什工作环境中，运用煲发方法涨发干鲍鱼，以便于切配和烹调，符合食用要求。

【学习目标】

1. 学会对干鲍鱼进行品质鉴别。
2. 掌握干鲍鱼涨发的方法。
3. 熟记干鲍鱼的涨发起货成率。
4. 培养学生爱岗敬业、吃苦耐劳的劳动精神。

【任务准备】

1. 原料准备：干鲍鱼1只。

干鲍鱼（图6.24）是鲍鱼的干制品。鲍鱼根据产地可分为网鲍、窝麻鲍、吉品鲍、改良鲍、汕尾鲍、南非鲍等。粤菜多使用干鲍鱼，但近年来也使用鲜鲍鱼，因其口感鲜爽，成本较低，深受人们的欢迎。

2. 工用具准备：水盆1个，砂锅1个，竹笪2张，专用刷1把。

图6.24 干鲍鱼

鲍鱼各品种比较一览表

品种	产地	形状	特点
网鲍	日本较多	体形椭圆，边细起珠	色泽金黄，质地肥润，是鲍鱼中的顶级绝品
窝麻鲍	日本较多	艇形，烂边，常带有针孔	个头最小，身上左右均有两个孔，因其生长在岩石缝隙中，渔民用钩子捕捉及用海草穿吊晒干所至
吉品鲍	日本较多	元宝形，枕高身直，性硬，干京柿色	吃起来浓香爽口

续表

品种	产地	形状	特点
改良鲍	多产于青岛、北海、汕头、汕尾、海南岛等地	色淡白，较细只	有腥味，身硬而韧，味差
汕尾鲍	汕尾	色淡白，较细只	身硬而韧，味差
南非鲍	南非	形状较大，鲍枕呈珠粒状，外形美观，从外形上看有点像人的耳朵，因此也被称为"海耳"	肉质鲜香耐嚼

【任务实施】

1. 将干鲍鱼放入清水浸泡24小时（图6.25）。

2. 捞起洗净鲍鱼上的沙石和杂质，并用软刷刷去表面污物。

3. 把鲍鱼放入已垫竹笪的大瓦煲内，加入清水慢火煲焗3小时，重新换水重复以上方法煲焗鲍鱼约3次（图6.26）。

4. 爝鲍鱼：将已炸至金黄色的带皮五花肉、老鸡、排骨放入已垫竹笪的大瓦煲内，再放入鲍鱼、瘦肉、老姜、陈皮、冰糖、花雕酒煲约4小时后，加入上汤再煲至汤水减少，加入上汤和红谷米15克（预先用袋子装好）再煲，如此反复慢火煲约18小时（中途可加入上汤），至鲍鱼软滑够身为度（图6.27、图6.28）。

爝鲍鱼需要的原料有：南非鲍500克（10头），带皮五花肉600克，老鸡1 400克，排骨750克，鸡脚400克，冰糖60克，陈皮15克，花雕酒75克，姜50克。

图6.25　浸泡

图6.26　煲焗

图6.27　爝制

图6.28　鲍鱼成品

【技术要领】

1. 涨发干鲍鱼浸泡时间要充足，使鲍鱼吸足水分。

2. 用软刷刷去表面污物。

3. 煲鲍鱼时砂锅内要垫上竹笪，以防原料粘锅。

4. 燀鲍鱼的肉料与鲍鱼的比例一般为1∶4。

5. 燀鲍鱼时火候宜用慢火，且时间要充足。

【质量要求及烹调应用】

1. 质量要求：香浓、味厚、软滑醇香。

2. 烹调应用：适用于扒、炖等烹调方法。

【任务评价】

原料	加工成型名称	评价要求	配分/分	得分/分
干鲍鱼	涨发干鲍鱼	1. 准备好加工所需的工用具	5	
		2. 工衣、围裙、工帽、工鞋洁净，穿着规范	10	
		3. 选料合理	15	
		4. 清洗干净	25	
		5. 浸泡，刷洗，煲焗，燀制等操作环节清晰、正确、熟练	25	
		6. 成品要求香浓、味厚、软滑醇香，起货成率符合要求	10	
		7. 在规定时间内完成任务	10	
得分			100	

【任务作业】

1. 完成实训报告。

2. 根据产地不同可将鲍鱼分为哪些品种？每个品种各有什么特点？

【任务视频】

《 涨发鲍鱼 》

任务 4 海参涨发

【任务描述】

在中餐厨房上什岗位工作环境中，运用浸焗煲方法涨发干海参，以便于切配和烹调，符合食用要求。

【学习目标】

1. 学会对干海参进行品质鉴别。
2. 掌握干海参涨发的方法。
3. 熟记干海参的涨发起货成率。
4. 增强学生为人民服务的意识，学会创新发展。

【任务准备】

1. 原料准备：干海参1条。

干海参（图6.29）是海参的干制品。海参可分为有刺参和无刺参两种。有刺参有刺参、方刺参、梅花参、南美参等，无刺参有克参、大乌参、黄玉参、白石参等。我国海参的生长区域很广，主要产地有大连、烟台、海南岛、西沙群岛等。海参多于春秋两季加工生产。

图6.29　干海参

2. 工用具准备：水盆1个，砂锅1个，竹笪2张。

海参各品种比较一览表

品种	产地	形状	特点
刺参（又名灰参）	我国北部沿海较多	体呈圆柱形，长20～40厘米，背面有4～6行肉刺	可人工繁殖，干品以肉肥厚，味淡、刺多而挺、质地干燥者为佳
梅花参	西沙群岛一带	体长可达1米左右	背面肉刺很大，每3～11个肉刺，基部相连呈花瓣，故名"梅花参"
方刺参	西沙群岛、海南岛南部及广西北海、洞洲岛等海域产量较多	体呈四棱形	个体大，每千克有60～100只
白石参（又名白瓜参）	中沙群岛一带	长筒形或扁圆形	体表光滑无刺，色泽白中带黄，肉多而软滑
克参（又名乌石参）	东沙群岛一带	椭圆形	背面隆起光滑，有稀疏的管足。腹面平坦，管足排列成3纵带，中间一带较稀，排得较宽

续表

品种	产地	形状	特点
南美参	墨西哥、古巴、美国	参体略呈长方体，腹部平坦，两端略细	腹部两侧各有一排刺，刺粗壮，类似海参的足，背部及两侧布满突出的刺

【任务实施】

1. 将干海参放入清水中浸泡24小时（图6.30），从腹下开口取出内脏的杂质，冲洗干净（图6.31）。

2. 先转入瓦煲内加入沸水，烧沸后关火，焗1小时，取出，漂洗2小时；再放入瓦煲内加入清水慢火煲焗2小时，取出漂洗2小时。反复2～3次，直至去清异味和够身（图6.32、图6.33）。

3. 清除肚内泥沙，保留肚内肠（纵肌），使用前去除肠子，用清水浸着保存（图6.34、图6.35）。

图6.30 浸泡

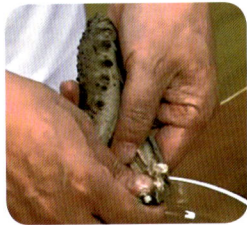
图6.31 冲洗

图6.32 煲焗

图6.33 漂洗

图6.34 去肠子

图6.35 涨发好的海参成品

【技术要领】

1. 用清水浸泡时间要充足，浸泡后要除去内脏杂质。

2. 煲焗时要勤换水。

3. 涨发后若不是立即烹制，只需要清除肚内泥沙，保留肚内肠（纵肌）。肠子是海参的纵肌，可以起到保护海参不易"泻身"的作用。

【质量要求及烹调应用】

1. 质量要求：应呈膨胀的圆筒形状，挺直而有弹性；从中间提起，两端向下弯垂，有光泽且半透明；用筷子容易插入；肉质肥厚，软滑中带爽。

2. 烹调应用：适用于扒、炖、烩等烹调方法。

【任务评价】

原料	加工成型名称	评价要求	配分/分	得分/分
干海参	涨发干海参	1. 准备好加工所需的工用具	5	
		2. 工衣、围裙、工帽、工鞋洁净，穿着规范	10	
		3. 选料合理	15	
		4. 浸泡，冲洗，煲焗，漂洗，去肠等操作环节清晰、正确、熟练	25	
		5. 成品要求应呈膨胀的圆筒形状，挺直而有弹性；从中间提起，两端向下弯垂，有光泽且半透明；用筷子容易插入；肉质肥厚，软滑中带爽；起货成率符合要求	25	
		6. 操作符合卫生要求	10	
		7. 在规定时间内完成任务	10	
得分			100	

【任务作业】

1. 完成实训报告。

2. 干海参使用什么方法涨发？操作中要注意些什么？

【任务视频】

涨发海参

任务 ⑤ 花肚涨发

【任务描述】

在中餐厨房上什岗位工作环境中，运用油发方法涨发花肚，以便于切配和烹调，符合食用要求。

【学习目标】

1. 学会对花肚进行品质鉴别。
2. 掌握花肚涨发的方法。
3. 熟记花肚的涨发起货成率。
4. 培养学生吃苦耐劳的精神和坚强的毅力。

【任务准备】

1. 原料准备：花肚25克。

花肚（图6.36），又名鱼白，是鳙鱼鳔的干制品，色白而薄小。

2. 工用具准备：水盆1个，炒锅1个，笊篱1个。

图6.36 花肚

【任务实施】

1. 将花肚逐件撕开（图6.37）。
2. 烧热锅内下油，加热至120 ℃，放入花肚，用笊篱压住，并不断翻动，使其受热均匀，炸至花肚通透（图6.38）。捞起，凉冻。
3. 将凉冻的花肚放入清水浸发（图6.39），待其充分吸水回软后，用手轻揸花肚以去油脂。
4. 在清水中加入少量枧水，再放入花肚，用手轻抓后放入清水漂洗，以去除枧味。
5. 在5 000克清水中加入50克白醋，放入花肚，再轻揸，放入清水漂洗至原料色白，不含油脂，用水浸着备用（图6.40、图6.41）。

图6.37 撕开

图6.38 炸发

图6.39　浸发

图6.40　漂净

图6.41　涨发好的花肚成品

【技术要领】

1. 将花肚逐件撕开，否则炸时难以炸透。

2. 掌握好油温，并讲究浸炸透。

3. 要用清水浸泡至软身，加入枧水洗可去除油脂，加入白醋洗可中和枧味，使其洁白，不易变质。

【质量要求及烹调应用】

1. 质量要求：质地爽滑有弹性，色泽洁白，洁净。

2. 烹调应用：适用于烩等烹调方法。

【任务评价】

原料	加工成型名称	评价要求	配分/分	得分/分
花肚	涨发花肚	1. 准备好加工所需的工用具	5	
		2. 工衣、围裙、工帽、工鞋洁净，穿着规范	10	
		3. 选料合理	15	
		4. 原料逐件撕开，炸制，漂洗，加枧水、白醋漂洗等操作环节清晰、正确、熟练	25	
		5. 成品要求质地爽滑有弹性，色泽洁白，洁净，起货成率符合要求	25	
		6. 操作符合卫生要求	10	
		7. 在规定时间内完成任务	10	
得分			100	

【任务作业】

1. 完成实训报告。

2. 花肚是用什么鱼的鱼鳔干制而成的？应用什么方法涨发？操作过程中要注意些什么？

【任务视频】

涨发花肚

任务❻ 干蹄筋涨发

【任务描述】

在中餐厨房上什岗位工作环境中，运用油发方法涨发干蹄筋，以便于切配和烹调，符合食用要求。

【学习目标】

1. 学会对干蹄筋进行品质鉴别。
2. 掌握干蹄筋涨发的方法。
3. 熟记干蹄筋的涨发起货成率。
4. 培养学生坚持劳动创新创造和追求卓越的内在品质。

【任务准备】

1. 原料准备：干蹄筋25克。

干蹄筋（图6.42）是猪、牛、羊、鹿蹄筋的干制品。通常以猪蹄筋为烹调原料的最多，色白亮，呈半透明状，粗长挺直的为佳。

2. 工用具准备：水盆1个，炒锅1个。

图6.42　干蹄筋

【任务实施】

1. 猛火烧锅下油，待油烧至150 ℃时，避锅下原料，随即将锅置于炉火上，以慢火将原料浸炸至通透，呈浅黄色，捞起。

2. 待冷冻后，放在冷水中浸泡3小时，用手将原料的油腻抓净至身爽，用水浸着备用。

【技术要领】

1. 掌握好油温，若油温过高则停火或加入冻油。
2. 浸炸时当原料浮起，可用笊篱压住且不时翻动，使其受热均匀。
3. 抓洗后色泽若发黄，可加入白醋抓透后漂水，使其增白。

【质量要求及烹调应用】

1. 质量要求：质地爽滑有弹性，色泽洁白，洁净，无油味。
2. 烹调应用：适用于炆、扒、烩等烹调方法。

【任务评价】

原料	加工成型名称	评价要求	配分/分	得分/分
干蹄筋	涨发干蹄筋	1. 准备好加工所需的工用具	5	
		2. 工衣、围裙、工帽、工鞋洁净，穿着规范	10	
		3. 选料合理	15	
		4. 原料炸制，漂洗等操作环节清晰、正确、熟练	25	
		5. 成品要求质地爽滑有弹性，色泽洁白，洁净，无油味，起货成率符合要求	25	
		6. 操作符合卫生要求	10	
		7. 在规定时间内完成任务	10	
得分			100	

【任务作业】

完成实训报告。

学习笔记

任务 7 瑶柱涨发

【任务描述】

在中餐厨房上什岗位工作环境中，运用蒸法涨发瑶柱，以便于切配和烹调，符合食用要求。

【学习目标】

1. 学会对瑶柱进行品质鉴别。
2. 掌握瑶柱涨发的方法。
3. 熟记瑶柱的涨发起货成率。
4. 培养学生爱岗敬业、吃苦耐劳的劳动精神。

【任务准备】

1. 原料准备：瑶柱25克，姜片、葱条各5克，绍酒2克。

瑶柱（图6.43），又名元贝，是扇贝、日月贝、江瑶贝的闭壳肌的干制品，中国、越南、日本等国均有出产。以颗粒整齐，肉坚实饱满，肉丝清晰，粗壮，色浅黄，大小均匀，体干，味鲜表面无盐霜的为佳。日本瑶柱形体较大，品质高，是海味中的佳品。粒大、整体完整的称为"柱甫"，细小、散开的称为"碎柱"。

图6.43　瑶柱

2. 工用具准备：器皿1个，蒸柜1台。

【任务实施】

1. 将瑶柱去枕（旁边的硬肉），用清水浸10分钟，取出洗净沙泥。
2. 把洗净的瑶柱放入器皿内，加入清水，放入姜片、葱条、绍酒，放入蒸柜内蒸1小时，至身松即可。

【技术要领】

1. 瑶柱浸后要洗净。
2. 蒸发时下水不宜过多，以浸过面为准。
3. 掌握好蒸制时间，用手轻按松散即可。
4. 若用于煲或炖汤则不需要蒸发。

【质量要求及烹调应用】

1. 质量要求：保持原料完整，香味浓郁。
2. 烹调应用：适用于扒、蒸等烹调方法。

【任务评价】

原料	加工成型名称	评价要求	配分/分	得分/分
瑶柱	涨发瑶柱	1. 准备好加工所需的工用具	5	
		2. 工衣、围裙、工帽、工鞋洁净，穿着规范	10	
		3. 选料合理	15	
		4. 浸洗后蒸制等操作环节正确、熟练	25	
		5. 成品要求保持原料完整，香味浓郁，起货成率符合要求	25	
		6. 操作符合卫生要求	10	
		7. 在规定时间内完成任务	10	
得分			100	

【任务作业】

1. 完成实训报告。
2. 瑶柱为什么采用蒸发进行涨发？涨发时要注意哪些问题？

粤菜常用调味料介绍

项目1 调味料

【任务描述】

在中餐厨房候镬、上什、砧板、打荷岗位工作环境中，认识和了解调味料的特点，有利于在原料腌制、馅料制作及菜肴烹制中合理运用各种调味料。

【学习目标】

1. 了解调味料的分类方法。
2. 了解调味料的特点及烹饪运用。
3. 培养学生创新思维，展示锐意创新的勇气、敢为人先的锐气和蓬勃向上的朝气。

调味料是烹调过程中主要用于调和滋味的原料的统称。从"民以食为天，食以味为先"的说法可见调味在烹调中的重要性，而味的调配、调和除了与厨师的技术有关外，与调味料的关系也非常密切。

烹调菜肴除了要调味外，还要调理菜肴的色、香、质等方面，所使用的这些原料为辅料，与调味料合称调辅料，简称调料。

调味料的种类多样，按形态可分为粉状、粒状、液状、稀酱状、油状、膏状等，按其味型可分以下几种：

1. 咸味调料

调味料中的咸味成分主要是氯化钠、氯化钾、氯化铵、氯化镁、碘化钠、硫酸镁等。

（1）食盐

食盐的主要成分是氯化钠，还有一定的水分及其他物质。按来源不同可分为海盐、湖盐、井盐和矿盐；按加工程度不同可分为粗盐、加工盐、洗涤盐和精盐。盐的品质以具有下列特征的为佳：色泽洁白，呈透明或半透明状，晶粒整齐均匀，表面光滑坚硬。精盐干燥呈细粉末状，咸味正常，水分少。

烹调中盐的作用是调味；对胶体性质产生影响，如增加面筋质的韧性、增白、增强馅心、肉蓉的拉力；防腐杀菌以及作为传热介质。

（2）酱油

酱油是以蛋白质和淀粉为主要原料，经酶或催化剂的催化水解，生成多种氨基酸及糖类，再经过复杂的生化变化合成的液状调味料。

学习笔记

酱油除了含盐外，还含有多种氨基酸、糖类、有机酸等成分，具有特殊的风味。酱油按加工方法不同可分为酿造酱油和配制酱油；按色泽可分为深色酱油（如老抽，用于调色）、浅色酱油（如生抽，用于调味）和白酱油（用于调味）等。

酱油不仅可以定味、增鲜，还可以增加菜肴、香气，以及起到除异味、解腻的作用。

①酱类。酱是以豆类、粮食为主要原料，利用曲霉或酶的作用制成的一类糊状物。原酱有面酱、大豆酱（面豉、豆酱）、蚕豆酱等。以原酱为基础加入若干种调料加工复合而成的酱称为复合酱。大多数的酱为复合酱，其中有由食品厂生产的，如柱侯酱、紫金酱，也有由厨师个别调制的。

②豆豉。豆豉是以大豆为主要原料，加曲霉菌发酵后制成的一种黑色颗粒状调味料。广东以阳江出产的豆豉最优。

③鱼露。鱼露是用各种小杂鱼加盐腌制发酵、晒炼、取汁液过滤、灭菌而成的。

2．甜味调味料

甜味调味料以糖类为主，特别是含单糖和双糖的原料。常用的原料有蔗糖类的白砂糖、绵砂糖、赤砂糖、红糖、冰糖、方糖等，还有饴糖和蜂蜜，也有一些非糖类的甜味调料，如糖精、木糖醇、蛋白糖等。

3．酸味调味料

（1）食醋

食醋主要成分是醋酸，另含有氨基酸、糖分、酯类、食盐和不挥发酸等。食醋中醋酸的含量一般为3%～3.5%。烹调中，醋能增加菜肴的风味、去腥解腻，有利于钙的分解和吸收。食用食醋能帮助消化，增进食欲，还有防腐杀菌，保护维生素C在加热中少受破坏的作用。

醋的种类很多，有酿造醋和人工合成醋。由于酿造醋所用的原料、工艺各具特色，所酿造的醋的风味、外观差别也很大。广东常用的有白米醋、大红浙醋等。

（2）西红柿酱

西红柿酱是将新鲜西红柿磨细后加工而成的一种从西方引入的酱状调味料。同类的还有西红柿沙司、西红柿膏等。

4．辣味调味料

辣味调味料有辣椒干、辣椒粉、辣椒油、泡椒、各种辣椒酱、胡椒（白胡椒和黑胡椒）、姜、姜黄、芥末、咖喱粉、花椒、青芥辣等。

5．鲜味调味料

鲜味调味料又称鲜味剂，主要有味精、蚝油、虾子、鸡精等。味精学名谷氨酸钠，无色或白色结晶或结晶状粉末，易溶于水，在碱性或强酸性溶液中鲜味不明显甚至消失，在弱酸性溶液中鲜味呈味最好。味精提鲜要达到最佳的使用效果，首先是适时投放，即菜肴成熟时或出锅前加入，其次是适温，最后是适量。

6．调香料

常用的干货香料有八角、茴香、桂皮、香叶、丁香、草果、香茅、陈皮、白芷，还有蒜头、姜、葱、芫荽等。

　　酒也能调香。酒除了含有乙醇、水外，还含有糖类、氨基酸，以及呈现香味的酯类、醇类、酸类、酚类、羰基化合物等。酒在烹调中可去除异味，去腥解腻，增加香味，帮助味的渗透，杀菌防腐等。常用的酒类有黄酒、白酒、葡萄酒、啤酒等。

【任务作业】

1. 调味料按味型可分为哪几种？各包括哪些调味料？
2. 食用盐在烹饪中起到什么作用？

学习笔记

项目2　认识调色原料和其他调色辅料

【任务描述】

在中餐厨房候搓、砧板岗位工作环境中，认识和了解调色原料的特点，有利于在原料腌制、菜肴烹制中合理运用各种调味料。

【学习目标】

1. 了解调色原料的特点及烹饪运用。

2. 在教学中弘扬精益求精、实干争先的工匠精神，培训学生对新时代能工巧匠的匠艺追求。

1．调色原料

由于菜肴原料本身的欠缺或烹调的需要，需要添加某些原料来增加或调配成品的色彩。调色料除了包括一些调味料外，还有色素和发色剂。

生产中允许使用的色素按来源可分为天然色素和人工色素两大类。天然色素是指从生物组织中直接提取的，有红曲色素、紫胶虫色素、姜黄素、甜菜红、胡萝卜素、可可色素、叶绿素铜钠、焦糖色素等。人工色素是以焦油为原料合成的焦油色素，由于这种色素含有毒性，受到禁用或限用，允许使用的有苋菜红、胭脂红、柠檬黄、靛蓝，还有实际生产中很少使用的日落黄。苋菜红、胭脂红的最大允许使用量为0.05克/千克，柠檬黄、靛蓝的最大允许使用量为0.1克/千克。

发色剂可以使肉类中的二价铁血红蛋白变成三价铁血红蛋白而呈现鲜红色。常用的发色剂有亚硝酸钠（最大允许使用量为0.15克/千克）、硝酸钠（最大允许使用量为0.5克/千克）、硝酸钾（最大允许使用量为10克/千克），这几种发色剂均是有毒性的添加剂，应尽量少用或不用。

2．其他调色辅料

1）碳酸氢钠

碳酸氢钠又名小苏打、食粉，白色结晶状粉末，无臭，味稍咸，水溶液呈弱碱性。用于肉料的腌制，可改善菜肴的质感。

2）碳酸钠

碳酸钠又名纯碱、苏打，白色粉末或颗粒，无臭，水溶液呈强碱性，主要用于干货原料的涨发。

3）嫩肉粉

嫩肉粉是从植物（木瓜、菠萝、无花果等）中提取的一种蛋白质水解酶，可以将肉中的结缔组织及肌纤维组织中结构复杂的胶原蛋白、弹性蛋白进行降解，促使其吸收水分，使蛋白质结构中的部分连接腱发生断裂，达到嫩化的目的。

学习笔记

4）发粉

发粉又名发酵粉、泡打粉，是一种复合膨松剂，由酸性剂、碱性剂和填充剂组成，遇到水产生二氧化碳气体，起膨松作用。

5）淀粉

淀粉又名生粉，常用的有绿豆粉、马铃薯粉、木薯粉、玉米粉等。淀粉能够提高菜肴的持水力，保护原料的水分、质感、温度等。淀粉受热吸水糊化，变成有黏性的半透明物。

6）油脂

油脂是重要的烹调辅助原料之一，因为油脂可以增进菜肴的色、香、味、形及营养价值。食用油脂的主要化学成分是脂肪（也称甘油三酯），其他组成成分有磷脂、甾醇、蜡、黏蛋白、色素及维生素。

（1）油脂的种类。油脂可分为植物性油脂和动物性油脂。植物性油脂主要有花生油（主要产于华东、华北地区）、菜籽油、豆油、香油（麻油）、玉米油、色拉油（由菜籽油或豆油精制而成）等。动物性油脂有猪油、奶油（以牛乳脂肪为主要成分）、鸡油等。现在提倡使用调和油，是指由两种或两种以上的优质油脂经科学调配而成的油类。

（2）食油的品质鉴定。鉴定主要从气味、滋味、颜色、透明度、水分、杂质及沉淀物等方面进行。

（3）油脂的贮存保管。保管油脂时要避免日光直接照射，密封，注意清洁卫生，盛装容器要干净。油不能长时间加热，要及时清除油脚和内杂质，新油与旧油不要混放。

（4）影响油脂变质的因素有空气、阳光、温度、微量元素、水分等，这些因素会加速油脂的氧化及水解。

【任务作业】

1. 碳酸氢钠在烹饪中起什么作用？
2. 泡打粉在烹饪中起什么作用？

模块 8

半成品制作

项目1 原料腌制原理

【任务描述】

在中餐厨房砧板岗位工作环境中，了解原料腌制的原理，有利于掌握原料腌制的技巧，解决工作中出现的问题。

【学习目标】

1. 懂得原料腌制的原理与作用。

2. 培养学生浓厚的家国情怀，引导学生参加社会实践活动，激发学生强烈的社会责任感。

腌制使用的原料有精盐、味精、糖、鸡粉、酒、枧水、食粉、松肉粉、吉士粉、植物性香料（如姜、葱、蒜、西芹、洋葱等）、酱料（如南乳酱、花生酱、芝麻酱、咖喱粉等）、淀粉等。腌制时要根据各种菜式的不同要求合理使用不同腌料的分量，利用这些原料腌制的原理有：

1. 使食品入味和增加香味

凡烹制菜式都必须调味，部分菜式不仅要求表面着味，更要求本身带味和带香气，如蒜香骨、煎肉脯等，人们在品尝这类菜式时，会产生齿颊生香的感觉，这都是肉料在烹制前用味料和植物香料腌制后产生的。

1）盐

盐属于高渗物质，能将咸味渗进肉料内部，这样才不会使食品制作好后外表有味而内部味淡。

2）姜

腌制时加入姜是因为姜带有辛辣气味的主要成分——姜辛素。

3）葱

在烹制菜肴时，将锅烧热放入肉料急速加热，会产生一种特殊的香气，俗称"锅气"。菜肴起锅前加入葱，更能起到提香的作用。

4）酒

酒的主要成分为乙醇，将酒加入肉料中，加热后能与脂肪中的脂肪酸结合成一种酯的物质，溢出浓郁的香气，使食品香而可口。

2. 使某些食品去肥腻

某些使用肥肉的菜品，如金钱虾盒、香芋扣肉等，都有其特殊的风味。它们所用的主要原料之一，都是肥猪肉。肥肉的主要成分是脂肪，若不加处理，直接烹制，食用时会觉得油脂过多、肥腻而难以入口，因此必须提前进行腌制。使用的腌料除了调味料外还有高度白酒，因为白酒是很好的有机溶剂，腌制时能使肥肉中的部分脂肪溶解，再经过加热烹制后达到肥而不腻的感觉。

3. 使食材除韧

牛肉、羊肉、蛇肉等肌肉纤维较粗且紧密的动物原料都比较有韧劲，使用煲、焖、炖、扣等烹调方法时，在长时间的高温、高压下，肉虽不韧但过于软烂。而用这些原料制作炒菜，多以猛火急炒为主，要求短时间内成熟，这就需要对食材进行腌制。使用腌料时除调味料外，还要加入食粉（碳酸氢钠）、水和淀粉。食粉呈弱碱性，pH值为8，能排除肌肉纤维间的黏液，起到一定的溶解作用，使纤维松散，烹制后就不会觉得太韧。加入水可进一步瓦解肉质的结构，使肉质松涨，熟后有爽的感觉。腌制时加入淀粉，粉浆包裹着肉料表面，加热后受热糊化，不会因炒锅太热而炙焦肉质表面，影响肉质的爽滑感。

4. 使某些特殊食材爽脆

在炒爽肚（即猪肺）等食材时，由于其结构复杂，分泌的黏液较多，烹制时不仅要除韧性还要求爽脆。腌制时可加入食粉（或枧水）将黏液溶解，达到爽脆的目的。

5. 利用物理作用使某些食材爽脆

由于生物组织都是由细胞构成的，细胞内的主要成分都是液体，而液体在低温下会冷却冰冻，使细胞膨胀破裂，达到细胞与组织分离。如腌制虾仁时，因虾肉中的含水量大于禽肉的含水量，因此将腌制好的虾仁放入冰箱冷藏后口感更爽脆。

【任务作业】

1. 原料腌制的作用有哪些？
2. 腌制原料时去除韧性的原理是什么？
3. 腌制原料时去除肥腻的原理是什么？

项目2 原料的腌制

任务① 腌制牛肉

【任务描述】

在中餐厨房砧板岗位工作环境中，通过腌制牛肉的方法去除韧性，符合食用要求和烹调要求。

【学习目标】

1. 理解腌制牛肉的原理。
2. 掌握腌制牛肉的方法。
3. 培养学生成为立大志、担大任、成大器、立大功的社会主义建设者和接班人。

【任务准备】

1. 原料准备：牛肉片500克，食用小苏打6克，生抽10克，淀粉25克，清水75克，食用油25克。
2. 工用具准备：不锈钢小盆1个，电子秤1台，保鲜膜。

【任务实施】

1. 用毛巾将牛肉片中的水吸干，放入盆内（图8.1）。
2. 将清水、食用小苏打、淀粉、生抽调成糊状（图8.2）。
3. 将腌制味料放入牛肉内充分和匀（图8.3），再放入食用油封面（图8.4），放入冰箱冷藏2小时（图8.5）。

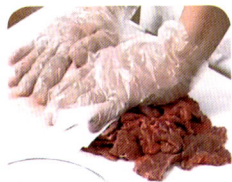  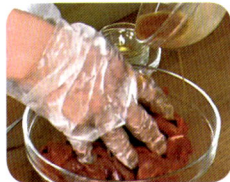

图8.1 吸干水　　　图8.2 调腌料　　　图8.3 加入腌料拌匀

图8.4 封油　　　图8.5 腌好的牛肉成品

【技术要领】

1. 牛肉腌制前要吸干水。
2. 投入腌料后要与牛肉充分和匀。
3. 用油封面防止氧化。

【质量要求及烹调应用】

1. 质量要求：牛肉手感软滑、松涨，熟后爽、嫩、滑。
2. 烹调应用：适用于炒、油泡等烹调方法。

【任务评价】

原料	加工成型名称	评价要求	配分/分	得分/分
切好牛肉片	腌制牛肉片	1. 准备好加工所需的工用具	5	
		2. 工衣、围裙、工帽、工鞋洁净，穿着规范	10	
		3. 选料合理	15	
		4. 吸干水，调腌料，加入腌料拌匀，封油等操作环节清晰、正确、熟练	25	
		5. 成品要求手感软滑、松涨，原料物尽其用	25	
		6. 操作符合卫生要求	10	
		7. 在规定时间内完成任务	10	
得分			100	

【任务作业】

1. 完成实训报告。
2. 试分析腌制牛肉的原理。

【任务视频】

腌制牛肉

任务❷　腌制姜芽

【任务描述】

在中餐厨房砧板岗位工作环境中，运用腌制姜芽的方法，以达到食用要求和烹调要求。

【学习目标】

1. 熟记腌制姜芽的用料。
2. 掌握腌制姜芽的方法。
3. 培养思想觉悟好、道德水准高、文明素养强的时代新人。

【任务准备】

1. 原料准备：嫩姜500克，精盐12.5克，白醋200克，白糖100克，食用糖精0.15克，红辣椒和酸梅各2个。

2. 工用具准备：炒锅1个，砧板1个，桑刀1把，不锈钢盆1个，电子秤1台，保鲜膜。

【任务实施】

1. 洗净炒锅，加入白醋200克，加热至微沸时，放入白糖100克，精盐2.5克，食用糖精0.15克，煮溶倒入盆内凉冻（图8.6）。

2. 刮去姜衣、苗，切成薄片（图8.7）。

3. 将精盐10克放入姜片内拌匀腌制约半小时（图8.8），用清水洗净（图8.9），滤干水。

4. 先将红辣椒和酸梅放入凉冻的咸酸水中和匀，然后放入姜片（图8.10），腌制2小时（图8.11）。

图8.6　调腌咸酸水

图8.7　切成姜片

图8.8　用盐腌制

图8.9　洗去盐分

图8.10　姜片放入咸酸水

图8.11　腌好的子姜成品

【技术要领】

1. 要保留嫣红色的姜肉，不能切去。
2. 姜片要用适量的盐腌制和漂洗，并抓干水，最好晾干爽后再腌制。
3. 待咸酸水完全冷却后才下姜片。
4. 放入酸梅可增加姜片的复合味。

【质量要求及烹调应用】

1. 质量要求：色泽嫣红，爽口，甜酸味适中。
2. 烹调应用：适用于炒等烹调方法及餐前小食。

【任务评价】

原料	加工成型名称	评价要求	配分/分	得分/分
嫩姜	腌制姜芽	1. 准备好加工所需的工用具	5	
		2. 工衣、围裙、工帽、工鞋洁净，穿着规范	10	
		3. 选料合理	15	
		4. 调腌咸酸水，切成姜片，用盐腌制，洗去盐分，放入咸酸水腌制等操作环节清晰、正确、熟练	25	
		5. 成品要求色泽呈嫣红色，爽口，甜酸味适中，原料物尽其用	25	
		6. 操作符合卫生要求	10	
		7. 在规定时间内完成任务	10	
得分			100	

【任务作业】

1. 完成实训报告。
2. 腌制姜芽过程中要注意什么？

【任务视频】

腌制姜芽

任务❸ 腌制猪扒

【任务描述】

在中餐厨房砧板岗位工作环境中，运用腌制猪扒的方法，以达到松涨、爽滑且香，符合食用要求和烹调要求。

【学习目标】

1. 熟记腌制猪扒的用料。
2. 掌握腌制猪扒的方法。
3. 培养学生坚持劳动创新创造和追求卓越的内在品质。

【任务准备】

1. 原料准备：改好的肉脯500克，小苏打3.5克，精盐2.5克，姜片、葱条各10克，玫瑰露酒25克。
2. 工用具准备：不锈钢盆1个，电子秤1台，保鲜盒1个。

【任务实施】

1. 将小苏打、精盐、姜片、葱条、玫瑰露酒依次放入肉脯中拌匀（图8.12）。
2. 将拌好料的肉脯放入保鲜盒中，放进冰箱冷藏1小时（图8.13）。

图8.12 放入腌料拌匀　　　　图8.13 腌好的猪扒成品

【技术要领】

放入腌料后要与肉料充分拌匀。

【质量要求及烹调应用】

1. 质量要求：肉脯没有韧性，手感软滑、松涨且香。
2. 烹调应用：适用于煎、炸等烹调方法，如果汁煎猪扒。

【任务评价】

原料	加工成型名称	评价要求	配分/分	得分/分
净肉脯	腌制猪扒	1. 准备好加工所需的工用具	5	
		2. 工衣、围裙、工帽、工鞋洁净，穿着规范	10	
		3. 选料合理	15	
		4. 将腌料依次放入肉脯中拌匀等操作步骤正确，干净利落	25	
		5. 成品要求肉脯没有韧性，手感软滑，松涨且香，原料物尽其用	25	
		6. 操作符合卫生要求	10	
		7. 在规定时间内完成任务	10	
得分			100	

【任务作业】

完成实训报告。

【任务视频】

腌制猪扒

任务❹ 腌制肉丝

【任务描述】

在中餐厨房砧板岗位工作环境中，运用腌制肉丝的方法，以达到质感鲜嫩，符合食用要求和烹调要求。

【学习目标】

1. 熟记腌制肉丝的用料。
2. 掌握腌制肉丝的方法。
3. 在教学中弘扬精益求精、实干争先的工匠精神，培养学生对新时代能工巧匠的匠艺追求。

【任务准备】

1. 原料准备：肉丝500克，湿淀粉25克，精盐5克，味精5克，清水5克。
2. 工用具准备：不锈钢小盆1个，电子秤1台，保鲜盒1个。

【任务实施】

1. 沥去肉丝中的水，放入小盆内。
2. 先放入精盐、味精拌匀，然后放入清水和匀，再加入湿淀粉拌匀，最后放入保鲜盒内。

【技术要领】

1. 腌制前要将肉料沥干水。
2. 先放入精盐拌匀后再加入清水。
3. 肉片、肉丁与腌制肉丝的方法一样。

【质量要求及烹调应用】

1. 质量要求：肉质鲜嫩、松涨，色泽明净。
2. 烹调应用：适用于炒、扒、烩等烹调方法。

【任务评价】

原料	加工成型名称	评价要求	配分/分	得分/分
净肉丝	腌制肉丝	1. 准备好加工所需的工用具	5	
		2. 工衣、围裙、工帽、工鞋洁净，穿着规范	10	
		3. 选料合理	15	
		4. 沥去水，腌料放入肉丝中拌匀等操作步骤正确，干净利落	25	
		5. 成品要求肉质鲜嫩、松涨，色泽明净，原料物尽其用	25	
		6. 操作符合卫生要求	10	
		7. 在规定时间内完成任务	10	
得分			100	

【任务作业】

完成实训报告。

任务 5 腌制鸡丝

【任务描述】

在中餐厨房砧板岗位工作环境中，运用腌制鸡丝的方法，以达到质感鲜嫩，符合食用要求和烹调要求。

【学习目标】

1. 熟记腌制鸡丝的用料。
2. 掌握腌制鸡丝的方法。
3. 增强学生为人民服务的意识，学会创新发展。

【任务准备】

1. 原料准备：鸡丝500克，蛋白50克，干淀粉25克，精盐5克，味精5克。
2. 工用具准备：不锈钢小盆1个，电子秤1台，保鲜盒1个。

【任务实施】

1. 将鸡丝沥去水，放入小盆内。
2. 将蛋白、精盐、味精、淀粉调成糊状，放入鸡丝内拌匀，再放入保鲜盒内。

【技术要领】

1. 沥去鸡丝中的水。
2. 调腌料时各种味料比例恰当，放入后要充分拌匀。

【质量要求及烹调应用】

1. 质量要求：肉质鲜嫩、松涨，色泽明净呈白色。
2. 烹调应用：适用于炒、扒、烩等烹调方法。

【任务评价】

原料	加工成型名称	评价要求	配分/分	得分/分
净鸡丝	腌制鸡丝	1. 准备好加工所需的工用具	5	
		2. 工衣、围裙、工帽、工鞋洁净，穿着规范	10	
		3. 选料合理	15	
		4. 沥去水，腌料放入鸡丝中拌匀等操作步骤正确，干净利落	25	
		5. 成品要求肉质鲜嫩、松涨，色泽明净呈白色，原料物尽其用	25	
		6. 操作符合卫生要求	10	
		7. 在规定时间内完成任务	10	
得分			100	

【任务作业】

完成实训报告。

任务❻ 腌制蒜香骨

【任务描述】

在中餐厨房砧板岗位工作环境中，运用腌制蒜香骨的方法，以达到菜肴质量要求，符合食用要求和烹调要求。

【学习目标】

1. 熟记腌制蒜香骨的用料。
2. 掌握腌制蒜香骨的方法。
3. 培养学生脚踏实地、实干兴邦、弘扬新时代的工匠精神。

【任务准备】

1. 原料准备：骨排500克，精盐4克，蒜汁50克，白糖2克，味精10克，糯米粉、高筋面粉各10克，红萝卜汁25克。
2. 工用具准备：不锈钢小盆1个，电子秤1台，保鲜盒1个。

【任务实施】

1. 将骨排洗净、沥去水，放入小盆内。
2. 将各种味料调成糊状，放入骨排内拌匀，再装入保鲜盒内放入冰箱冷藏2小时。

【技术要领】

1. 骨排用清水漂洗净血污，并沥去水。
2. 调腌料时各种味料比例恰当，放入后要充分拌匀。
3. 腌制时间要充足。

【质量要求及烹调应用】

1. 质量要求：色泽呈浅红色，有浓郁蒜香味。
2. 烹调应用：适用于炸等烹调方法。

【任务评价】

原料	加工成型名称	评价要求	配分/分	得分/分
净骨排	腌制蒜香骨	1. 准备好加工所需的工用具	5	
		2. 工衣、围裙、工帽、工鞋洁净，穿着规范	10	
		3. 选料合理	15	
		4. 沥去水，腌料放入肉料中拌匀等操作步骤正确，干净利落	25	
		5. 色泽呈浅红色，有浓郁蒜香味，原料物尽其用	25	
		6. 操作符合卫生要求	10	
		7. 在规定时间内完成任务	10	
得分			100	

另：腌制陈皮骨、京都骨方法一样。

1. 腌陈皮骨原料：骨排500克，食用小苏打2.5克，九制陈皮1包，白糖6克，味精3克，糯米粉、澄粉20克，鲜柠檬少许。

2. 腌京都骨原料：骨排500克，食用小苏打2.5克，鸡蛋100克，精盐2.5克，味精5克，清水50克，干淀粉20克。

【任务作业】

1. 完成实训报告。

2. 腌制蒜香骨的过程中要注意什么？

项目3 馅料的制作

任务❶ 鱼青制作

【任务描述】

在中餐厨房砧板岗位工作环境中，运用鱼青的制作方法，以达到菜肴质量要求，符合食用要求和烹调要求。

【学习目标】

1. 掌握鱼青制作的方法。
2. 懂得鱼青在菜肴中的应用。
3. 培养学生浓厚的家国情怀，引导学生参加社会实践活动，激发学生强烈的社会责任感。

【任务准备】

1. 原料准备：带皮鲮鱼肉1 500克（刮净压干水得500克），蛋白100克，精盐6克，味精5克，干淀粉10克。
2. 工用具准备：砧板1块，桑刀2把，不锈钢小盆1个，电子秤1台，保鲜盒1个，干净毛巾1条。

【任务实施】

1. 将鱼肉放在干净砧板上，用刀从尾端逆刀刮出鱼蓉（刮至鱼肉见红色即止，图8.14）。
2. 将鱼蓉放入干净毛巾内，用清水洗净，并压干水（图8.15）。
3. 用刀剁至鱼蓉匀滑（图8.16），放进小盆内。先将精盐、味精加入鱼蓉内，拌至起胶后，再加入蛋白和淀粉，一边拌一边挞至胶性增大，最后放进保鲜盒内（图8.17、图8.18）。

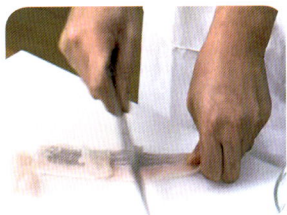

图8.14 刮鱼蓉　　　　图8.15 洗净并压干水

图8.16　剁鱼蓉　　　　　图8.17　加入味料打制　　　　　图8.18　鱼青成品

【技术要领】

1. 选用新鲜的鲮鱼肉，刮鱼蓉时不应粘有鱼瘦肉。
2. 鱼蓉要洗得洁白，并要压干水。
3. 剁鱼蓉的砧板要干净，不应有姜、葱、蒜等异味。
4. 剁鱼蓉时要剁至匀滑，无颗粒状。
5. 加入盐可增加鱼肉的胶性，淀粉多则不透明。
6. 应顺着同一方向搅拌，以挞为主，挞的力量要足且均匀。

【质量要求及烹调应用】

1. 质量要求：色泽白而带光泽，黏稠度大，鱼青匀滑，熟后有弹性、口感爽滑、味鲜，色泽洁白。
2. 烹调应用：适用于炒、油泡、煎等烹调方法。

【任务评价】

原料	加工成型名称	评价要求	配分/分	得分/分
带皮鲮鱼肉	制作鱼青	1. 准备好加工所需的工用具	5	
		2. 工衣、围裙、工帽、工鞋洁净，穿着规范	10	
		3. 选料合理，洗净原料	15	
		4. 刮、洗、剁鱼蓉，下味料打制等操作环节清晰、正确、熟练	25	
		5. 成品要求色泽白而带光泽，黏稠度大，鱼青匀滑，原料物尽其用	25	
		6. 操作符合卫生要求	10	
		7. 在规定时间内完成任务	10	
得分			100	

【任务作业】

1. 完成实训报告。
2. 制作鱼青选用什么鱼？操作时要注意什么？

【任务视频】

制作鱼青

学习笔记

任务 ② 鱼腐制作

【任务描述】

在中餐厨房砧板岗位工作环境中，运用鱼腐的制作方法，以达到菜肴质量要求，符合食用要求和烹调要求。

【学习目标】

1. 掌握鱼腐制作的方法。
2. 懂得鱼腐在菜肴中的应用。
3. 培养学生的创新思维，展示锐意创新的勇气、敢为人先的锐气和蓬勃向上的朝气。

【任务准备】

1. 原料准备：压干水的鱼蓉500克，蛋液500克，精盐15克，味精5克，生粉150克，清水500克。
2. 工用具准备：不锈钢盆1个，电子秤1台，炒锅1个。

【任务实施】

1. 将生粉放进清水中和匀成粉浆。
2. 将鱼蓉放入盆内，加入精盐、味精拌擦均匀，一边拌一边挞，直至起胶（图8.19）。
3. 将1/3的蛋液放入盆内，与鱼蓉充分搅拌均匀。按此方法把余下的蛋液分两次加进鱼蓉内，直至鱼蓉与蛋液充分拌匀（图8.20）。
4. 按加入蛋液的方法把粉浆倒入鱼蓉内拌匀（图8.21）。
5. 将鱼蓉挤成丸子，用汤匙盛入120 ℃的热油浸炸至成熟浮起呈金黄色即可（图8.22、图8.23）。

图8.19　加入味料打制　　　　图8.20　加入蛋液打制　　　　图8.21　加入粉浆打制

图8.22　炸制　　　　　　图8.23　鱼腐成品

【技术要领】

1. 以挞为主、擦为辅，要顺着同一方向拌。
2. 调入蛋液后要充分与鱼蓉和匀。
3. 调入粉浆充分与鱼胶拌匀，使其呈糊状。
4. 炸制时要掌握好油温、原料下油锅的手法、色泽和形状。

【质量要求及烹调应用】

1. 质量要求：口感软滑略带弹性，味道鲜美，呈小圆饼形，有收缩的凹纹，色泽金黄。
2. 烹调应用：适用于扒、煮等烹调方法。

【任务评价】

原料	加工成型名称	评价要求	配分/分	得分/分
压干水的鱼蓉	制作鱼腐	1. 准备好加工所需的工用具	5	
		2. 工衣、围裙、工帽、工鞋洁净，穿着规范	10	
		3. 选料合理	15	
		4. 将味料调入鱼蓉内打制至起胶，加入蛋液打制，加入粉浆打制，炸制等操作环节清晰、正确、熟练	25	
		5. 成品要求口感软滑略带弹性，味道鲜美，呈小圆饼形，有收缩的凹纹，色泽金黄，原料物尽其用	25	
		6. 操作符合卫生要求	10	
		7. 在规定时间内完成任务	10	
得分			100	

【任务作业】

1. 完成实训报告。
2. 制作鱼腐时要注意什么？
3. 制作鱼腐的质量要求是什么？

【任务视频】

制作鱼腐

任务 3 虾胶制作

【任务描述】

在中餐厨房砧板岗位工作环境中，运用虾胶的制作方法，以达到菜肴质量要求，符合食用要求和烹调要求。

【学习目标】

1. 掌握虾胶制作的方法。
2. 懂得虾胶在菜肴中的应用。
3. 在学习中培养学生爱岗敬业、吃苦耐劳的劳动精神和养成垃圾分类、节约粮食、物尽其用的良好习惯。

【任务准备】

1. 原料准备：虾仁500克，冻肥肉粒100克，精盐、味精各5克，蛋白15克。
2. 工用具准备：砧板1块，桑刀2把，不锈钢小盆1个，电子秤1台，保鲜盒1个，干净毛巾2条。

【任务实施】

1. 先将肥肉切成约0.3厘米的粒状，再放入冰箱待用。
2. 将虾仁洗净（去除壳及污物，图8.24），用洁净白毛巾吸干水（图8.25）。
3. 将虾仁放在干爽砧板上，先用刀捣烂，再用刀背剁成蓉状（图8.26），放入盆中。
4. 加入盐、味精，搅拌至起胶后，加入蛋白，再搅拌至起黏性，加入肥肉粒拌匀，放入保鲜盒入冰箱冷藏2小时（图8.27、图8.28）。

图8.24　洗虾仁　　　　图8.25　吸干水　　　　图8.26　捣烂后剁

图8.27　加入味料打制

图8.28　虾胶成品

【技术要领】

1. 要选用新鲜河虾仁，用毛巾吸干水。

2. 砧板要刮洗干净，切忌有姜、蒜、葱等异味。

3. 虾仁应先用刀捵烂，再用刀背剁成蓉。

4. 制作时加入味料应充足。

5. 打制虾胶时应顺着同一方向搅擦，以擦为主、挞为辅。

6. 擦虾胶时力量要足，用力要均匀。

7. 下肥肉粒后搅拌时间不宜过长，以免造成肥肉脂肪泻出，影响胶性。肥肉可以增加虾胶的香味、爽滑和色泽。

8. 打制后要放入冰箱保存。

【质量要求及烹调应用】

1. 质量要求：黏稠度大，虾胶体匀滑，色泽青白略带光泽；熟后口感爽滑有弹性，味道鲜美，虾味浓郁，色泽浅粉红。

2. 烹调应用：适用于炒、油泡、煎、蒸等烹调方法。

【任务评价】

原料	加工成型名称	评价要求	配分/分	得分/分
虾仁	制作虾胶	1. 准备好加工所需的工用具	5	
		2. 工衣、围裙、工帽、工鞋洁净，穿着规范	10	
		3. 选料合理，洗净原料	15	
		4. 洗虾仁，吸干水，捵烂后剁，加入味料打制等操作环节清晰、正确、熟练	25	
		5. 成品要求黏稠度大，虾胶体匀滑，色泽青白略带光泽，原料物尽其用	25	
		6. 操作符合卫生要求	10	
		7. 在规定时间内完成任务	10	
得分			100	

【任务作业】

1. 完成实训报告。
2. 制作虾胶时要注意什么?
3. 制作虾胶的质量要求是什么?

【任务视频】

制作虾胶

学 习 笔 记

附　录

原料起货成率表

由于原料来源千差万别，再加上季节、气候的变化，原料的新鲜度的差异以及加工技术的高低等因素，都会对原料加工的起货成率有极大的影响。现根据厨师的日常积累，将部分原料的起货成率列表如下仅供参考（单位以500克计）。

猪、牛、羊类

品名	原料	起货量	附注	品名	原料	起货量	附注
净枚肉	枚肉	445克	减肉筋55克	熟猪舌	净猪舌	360克	
切枚肉	净枚肉	485克		熟肠头	净肠头	240克	
去皮上肉	有皮上肉	435克	减猪皮60克	熟大肚	净大肚	290克	
熟有皮上肉	有皮上肉	390克		熟猪肺	净猪肺	290克	
熟头咀	净头咀	425克		净牛肉	牛肉	420克	减肉筋75克
净排骨	排骨	440克		腌牛肉	净牛肉	650克	
斩排骨	净排骨	475克		熟筋坑腩	牛坑腩	350克	
熟排骨	净排骨	380克		净牛肝腰心	肝腰心	460克	
熟手脚	净手脚	325克		熟牛下杂	净下杂	250克	
净大肝	大肝	450克		熟有皮羊肉	有皮羊肉	350克	
切大肝	净大肝	475克		净羊腰心	腰肝心	450克	
净腰心	腰心	450克		熟羊下杂	净下杂	250克	
切腰心	净腰心	425克	以大肝腰心合称为猪上杂	拆熟羊头蹄	净羊头蹄	200克	每副1 500克计算
猪上杂	净腰心	500克					

鸡、鸭、鹅类

品名	原料	起货量	附注
光鸡项	（1 000克头）毛鸡项	315克	每500克减肾肝30克，鸡肠20克，鸡脚一对
光洗鸡	（1 750克头）毛洗鸡	364克	同上
项鸡肉	光鸡项	275克	减鸡翼45克，鸡骨175克
洗鸡肉	光洗鸡	300克	减鸡翼50克，鸡骨155克
光鹅	毛鹅	325克	减鹅脚25克，肾肝35克，鹅肠25克
光鸭	（1 250克头）毛鸭	300克	减鸭脚25克，肾肝40克，鸭肠25克
熟鹅	光鹅	340克	

续表

品名	原料	起货量	附注
熟鸭	光鸭	340 克	
鹅肉	光鹅	350 克	减鹅骨240克
鸭肉	光鸭	240 克	减鸭骨250克
净肾肝	毛肾肝	450 克	
切肾肝	净肾肝	475 克	
净肾肉	光肾	340 克	
拆骨鸭掌	10对鸭掌	540 克	
净鸡蛋	壳鸡蛋	420 克	
净鸭蛋	壳鸭蛋	400 克	

水产类

品名	原料	起货量	附注	品名	原料	起货量	附注
净鲈鱼	鲈鱼	400 克	1 000 克每头	净生鱼	生鱼	425 克	750克每头
剪净明虾	明虾	400 克		净生鱼球	生鱼	160 克	减头骨175克，皮肉190克
净肉蟹	肉蟹	100 克		净山斑	山斑鱼	440 克	
净膏蟹	膏蟹	350 克		净石斑	石斑鱼	400 克	
净塘虱	塘虱鱼	440 克		净水鱼公	水鱼公	375 克	裙50克
净塘虱鱼肉	塘虱鱼	240 克		水鱼公肉	水鱼公	125 克	
净黄鳝肉	黄鳝	275 克		水鱼母肉	水鱼母	110 克	裙4克
净响螺肉	响螺	110 克		净鲩鱼	鲩鱼	450 克	
净白鳝	白鳝	450 克		净仓鱼	仓鱼	450 克	
净鲤鱼	鲤鱼	425 克		净鲜鱿	鲜鱿	350 克	
切腰心	净腰心	425克		拆熟羊头蹄	净羊头蹄	200 克	每副1 500克计算
猪上杂		500克					

蔬菜植物类

产期	品名	原料	起货量	产期	品名	原料	起货量
春季	净笔笋	有壳笔笋	350 克	秋季	凤果肉	无壳凤果	300 克
	净蒜心	蒜心	300 克		菊花		以朵计
	净苋菜	苋菜	400 克	冬季	净菠菜	菠菜	350 克
	净通菜	通菜	350 克		撕跟绍菜	绍菜	250 克
	净椰花菜	有叶椰花	200 克		净萝卜	白萝卜	400 克
	净青豆仁	有壳兰豆	250 克		冬笋肉	有壳冬笋	100 克
	净凉瓜	凉瓜	400 克		枸杞叶	枸杞	200 克
	净辣椒	青辣椒	375 克		马蹄肉	水马蹄	250 克
夏季	芥菜胆	芥菜	200 克		生菜胆	生菜	200 克
	净白瓜	白瓜	350 克		净塘蒿	塘蒿	350 克
	净青瓜	青瓜	350 克		净兰豆	荷兰豆	450 克
	净丝瓜	丝瓜	250 克		净青蒜	青蒜	350 克
	鲜莲肉	鲜莲	200 克		净粉葛	粉葛	300 克
	净鲜菇	鲜草菇	375 克		豆苗	豆苗	500 克
	净冬瓜	冬瓜	375 克	常年蔬菜	白菜胆	白菜	250 克
	净节瓜	节瓜	425 克		净韭黄	韭黄	475 克
	净茄瓜	茄瓜	375 克		净番茄	番茄	450 克
	净笋肉	有壳生笋	200 克		净洋葱	洋葱	400 克
	净子姜	无苗子姜	300 克		净蒜白	生蒜	175 克
	净青豆角	青豆脚	475 克		净姜肉	生姜	400 克
秋季	净菜远	菜心	125 克		芽菜	绿豆芽菜	250 克
	净西菜	西菜	350 克		净芫荽	芫荽	350 克
	鲜栗肉	有壳鲜栗	300 克		净土豆	土豆	400 克
	郊芥蓝远	芥蓝	200 克		净木瓜	木瓜	350 克
	郊菜远	菜心	175 克		净甘笋	甘笋	350 克
	茭笋肉	无苗茭笋	350 克		净莲藕	莲藕	350 克

海味干货类

品名	起货量	品名	起货量	品名	起货量
网鲍	875克	白花胶	1 250克	一级雪耳	3 000克
窝麻鲍	750克	黄花胶	1 000克	二级雪耳	2 500 克
吉品鲍	750克	干鱿鱼	750克	碎燕窝	3 000克
婆参	1 650克	墨鱼干	650克	桂花耳	1 500克
乌石参	1 650 克	干蚝豉	750 克	黄耳	4 250 克
梅花参	1 500克	元贝	750克	榆耳	3 500克
有沙群翅	350克	带子干	700克	木耳	2 750克
无沙群翅	650 克	大虾干	750克	石耳	1 250克
有沙骨翅	200克	鱼唇	1 500克	云耳	3 000克
有沙大尾翅	400克	炸蹄筋	2 000克	冬菇	1 750克
有沙黄胶翅	900克	炸榄仁	550克	香信	1 750克
有沙杂翅仔	175克	炸花生仁	450克	陈草菇	1 500克
炸鳝肚	2 250克	莲子	1 000克	一级蘑菇	1 250克
炸鱼肚	2 250 克	百合	1 250 克	一般蘑菇	750 克
广肚公	1 500克	白果	375克	竹荪	3 500克
炸鱼白	2 250克	薏米	2 750克	炸核桃	375克
炸浮皮	2 000 克	雪蛤油	10 000 克	发菜	3 250 克
净瘦火腿	110克	燕窝盏	3 500克	粉丝	1 750克

References 参考文献

[1] 黎永泰，陈健.粤菜制作：初级[M].北京：高等教育出版社，2021.

[2] 黎永泰，陈健.粤菜制作：中级、高级[M].北京：高等教育出版社，2021.

[3] 马健雄，杨继杰，谭子华.粤菜原料加工技术[M].广州：暨南大学出版社，2020.

[4] 黄明超.粤菜烹饪教程[M].广州：广东人民出版社，2015.